食之道 壹

講食集

陳夢因（特級校對）著

食之道（壹）講食集

作　　者：陳夢因（特級校對）
責任編輯：洪子平
封面設計：張志華
出　　版：商務印書館（香港）有限公司
香港筲箕灣耀興道三號東滙廣場八樓
http://www.commercialpress.com.hk
發　　行：香港聯合書刊物流有限公司
香港新界荃灣德士古道 220-248 號荃灣工業中心 16 樓
印　　刷：中華商務彩色印刷有限公司
香港新界大埔汀麗路 36 號中華商務印刷大廈 14 字樓
版　　次：二〇二三年十月第一版第二次印刷

ISBN 978 962 07 5593 4
Printed in Hong Kong

目錄

叄：「美」食人生

《食之道》總序

陳紀安

《食之道》裏的三本書是先父移居美國後在各大報刊撰寫的飲食文章結集。與每日小品的《食經》相比，《食之道》增添了國際視野，對粵菜有更深刻的分析和見解。退休移民之後，父親除了寫，更愛下廚，異地文化的生活體驗和新的食材更豐富了父親的飲食天地。《食之道》這幾本書與《食經》不但在時間上有別，內容和風格都頗有不同。

一九五一年《星島日報》首創了香港報刊的飲食專欄。緣起是娛樂版的編輯想到要加強衣、食、住、行的生活主題，由於父親精好粵菜，常以「食在廣州」掛在口邊，於是請他每日寫一篇飲食小品，題為「食經」。那時父親是《星島日報》的總編輯，每天都要看「大樣」，所以自嘲為特級校對，就用了「特級校對」作為筆名。專欄反應甚佳，每天接到不少讀者來信，特級校對成了飲食顧問，並應邀到處演講，「食經」也就變了長壽專欄，後來更結集成單行本《食經》十冊。四年前香港商務印書館和天津百花文藝出版社分別重新編排出版，仍然廣受歡迎。

《食經》之所以在六十年後仍然吸引讀者，因為父親談飲食並非紙上談兵，他吃的經驗豐富，味覺敏鋭，觀察力強，更重要的是他愛下廚，喜歡用實踐來證明自己的理論。在上世紀六十年代移居美國舊金山灣區之後，下廚請客是他晚年生活的重要部分。父親除了到處遊歷品味各國菜餚，就以下廚宴請朋友為樂。每次從香港回美，行李箱內都滿載各種乾貨食材。即使年過八十，父親仍然每天驅車往屋崙市場買菜，看到有新食材他就會想着用來作甚麼新菜式。他用牛油菓搓成蓉來涼拌苦瓜，又發明用維珍尼亞火腿腳加新鮮豬手烹煮鹹酸菜金銀肘子，以前魚店的三文魚頭和骨腩都讓熟客免費任取，他就用三豉蒸之，總之創意無限。父親請客都是拿出最好的款待客人，我們家車庫吊着幾十隻大翅，發翅熬湯，絕不馬虎；即使到餐館宴客，他也自攜發好的魚翅和海參。他炒豆豉雞所用的豆豉，是他半夜起來用紫蘇蒸燉過的。

在美國，父親與三藩市的中菜大廚和華廚學校老師如梁祥師傅、王爍培師傅等都結成好友，後來又結識了江太史孫女江獻珠而成為鑽研飲食文化的摯交。七、八十年代父親與梁祥師傅組織有一個「大食會」，參加者都是大廚和好研飲食之道的老饕，每月一次聚會，菜單由父親和老行尊精心設計，共進美饌之餘，指點品評，暢飲高論，此乃當年唐人街的飲食佳話。

父親退休移民美國三十多年，最大的樂趣是下廚請客，戲稱「煮飯」。「煮飯」一辭是乃江獻珠女士之戲語。江獻珠若說：「我煮飯給你吃！」客人大可想像將有一桌精巧獨特的佳餚，父親說：「煮飯給你吃！」即是說他會發翅燒海參弄鮑魚了。除了出遊，他在家一星期最少「煮」一次「飯」。父親惜物如金，會從未填滿格子的原稿紙或廢紙截下一堆比明信片還小的紙頭，每次請客，想好菜單就寫在一片紙頭上，然後在紙頭背面列出要買的作料。從那一大堆寫滿蠅頭小字的紙頭，就知道他某年某日宴請了甚麼朋友，陪客為誰，吃的是甚麼菜。

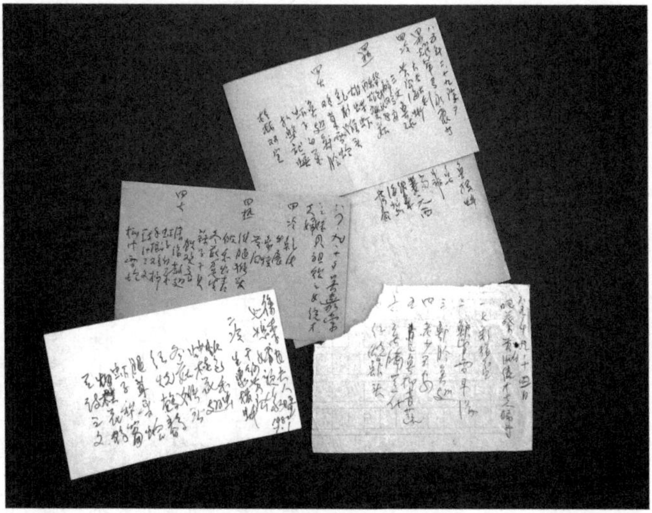

▶ 家宴寫在紙頭上的賓客名單與菜單。

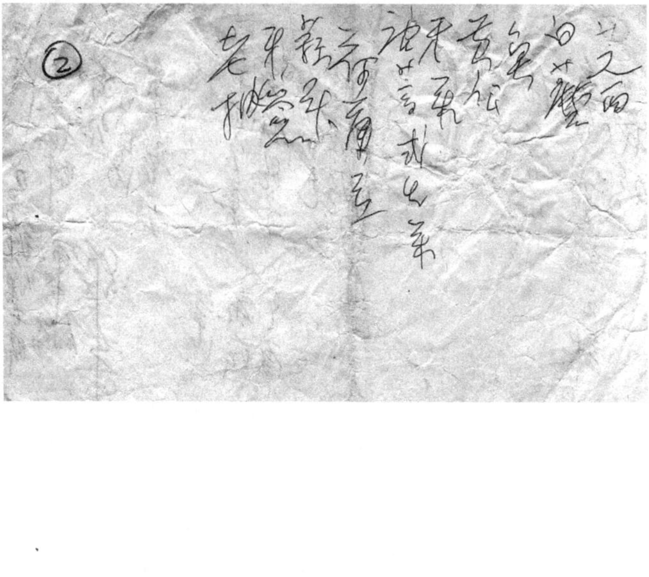

▶ 小紙頭背後列出購買的材料。

父親愛熱鬧，也喜歡在酒家設席，當年常在三藩市的新杏香和屋崙的翠苑酒家請客，因為「廚師我可以指掂！」所謂「指掂」者，他要用自己發的翅，又指定廚師做徐桂良家廚秘方的豆豉雞，用魚翅瓜作菜等等。大菜館都有成規，我們常常勸他別弄得人家人仰馬翻，勸不來。這幾家菜館的大廚尊重「特級校對」，竟又往往任他指使，結果都是賓、主、廚盡開顏。

這就是父親在美國的生活點滴，《講食集》、《粵菜溯源錄》和《鼎鼐雜碎》是他晚年研究飲食之道的結晶。感謝商務印書館年前重新編排出版特級校對《食經》，如今又以《食之道》為題精心重刊其在美國三十多年的結集，讓早已絕版的作品以全集形式重新面世。先父的飲食心得能夠流傳，當是為子女者所願，也是讀者之福！

二〇一一年十月於美國加州康可特

卷首語

人世間不少偶然的事，百分之百「猜那民」的老拙會躲在有人認為寂寞難耐的西方世界裏，也可以說是若干偶然的事的一宗。

大抵血球裏面還含有若干「鬥爭」成分，不但沒被無所不在的寂寞「鬥垮」，且還覺得寂寞的西方世界另有天地，隨意呼吸一口空氣，就感到同東方的有所不同。空氣是抓不住也看不見的，沒法拿出來證實有甚麼不同，只能意會地說：這裏的空氣讓人放鬆。迷戀讓人放鬆的空氣，有意無意間就在這個被認為寂寞的世界躲着，轉眼好幾年了。

空氣既有所不同，言行自然而然或多或少地變了「崇洋派」，然而沒丟掉也不忍丟掉的一張嘴巴未肯「崇洋」，每天吞進去的菜根雖無鄉土氣息，依然是多帶鄉土味道的東西。

從嘴巴吞進的既多是中西合璧的，與嘴巴有關的官能引起的交感作用，自然與過去的有所不同。老拙是一個戇而帶混的人，既有了新的在紙上亂塗，麥克風前胡說的資料，就繼續亂塗胡說。難得的是，仍有人愛讀愛聽這些亂塗胡說。

「我的朋友」白門秋生兄在一九五二年出版的拙作《食經》第三集的序文中說：「不會做菜的人讀了他的文章固然仍舊不會做菜，可是會做菜的人讀了他的文章毫無疑問一定會做得更好……各地的口味差異，再加上廚司的秘訣，老饕的經驗談……由你自己去領會參悟。這好比一部玄妙的天書，凡夫俗子讀了仍是一竅不通，有根底的讀了卻由此可以悟得大道了……」

胡說亂道的文字會變成一本烹飪天書，老拙還沒這種「功夫」。不過，中菜烹飪要研究起來是一門很複雜的學問。既是科學的，加上複雜的技術，更是有了人類以後的第一藝術。只懂得若干肉或菜，麻油若干滴，加上若干熱力便可做得好菜，相信真會做菜的人是不表同意的。老拙躲在西方世界多年，講的寫的，仍像過去一樣，沒有麻油若干滴，味粉若干錢。如果有人說老拙食古不化，刊行講食的書，竟無麻油若干滴，味粉若干錢，屬於不識時務，那麼老拙無意做「俊傑」，又何必要懂「時務」？

名滿五湖四海的「譚廚」正統曹四嘗謂：「食譜有甚麼用？做菜全視眼法、手法，專靠經驗，非看書可學得來。我沒有食譜，只有小冊記菜名而已。」（見《中華飲食》雜誌第四期）一代廚林高手也沒有麻油數滴的食譜，何況在紙上弄刀鏟的。

在海外靠中國食的文化遺產混飯吃的黃帝子孫，直接間接的，起碼超過一千萬人。把這幾年所講的寫成和發表過的一部分湊成這個小集子，「有同嗜焉」的老饕們和以中菜為業的朋友讀了，假如還認為不無一得之處，則這個小集子的出版，也總算是有了交代。

一九七四年十二月於美國加州聖奧斯市

講食集

壹：海外談廚

口之於味也，未盡同嗜①

中國菜在最近三十年來普獲西方世界歡迎，其狂熱程度尤甚於路易十六時代歐洲人對中國瓷器的愛好。如今，美國人、歐洲人而外，凡可見到陽光的地方，幾乎都有愛吃中國菜的非中國人。瞻顧未來，愛吃中菜的仍有增無減。

美國情形我們是知道的，可不説了。以英國來説，中菜業的蓬勃也相當驚人！一九六二年初，倫敦路透社發出這樣一則電訊：「中菜侵襲倫敦酒菜業已經達到巔峰，而且沒有停止的跡象。以去年來説，每三天就有一家中菜館開張。現在英國全境已有一千多家，其中最大的都集中在倫敦，大約有一百五十家，西北部華人聚居的利物浦有一百家，比其他城市都多。」英國十年前已有一千多家中菜館，如今不知又增加了若干？以加州來説，十年前的中菜館固多過英國一國，近十年來美國的中菜館比十年前不知又多了若干。有些中菜館的食客，西人幾佔到百分之九十，可見山姆大叔吃唐菜的不斷增加。

有人説，中菜的花樣多，且比吃西餐較廉。也有人説，中菜的味道比西菜可口而又多變化。老拙則認為幾種原因都有，所以能落地生根，枝葉茂妙的最重要原因，還是中菜的味道。

如果説吃中菜廉宜，則西菜的「熱狗」和「謙卜架」（夾在面包裏的牛肉餅）更廉。以視覺藝術來說，中菜的色的美還比不上西菜，也更不如日本菜。（當然也有很好的，但佔少數。）不特美國如此，甚至中國人聚居最多的地方也一樣。整席菜看來都悅目的更少見。像古老故事，以「兩個黃鸝鳴翠柳，一行白鷺上青天，窗含西嶺千秋雪，門泊東吳萬里船」四句詩，做成四樣色、香、味俱佳的菜餚，就更難得一見。這故事的第一個是炒韭菜加上兩個雞蛋黃，第二個也是韭菜上面平鋪了切塊的蛋白，第三個是一碗豆腐，第四個是一碗清湯加上幾片小小的蛋殼。

客人吃了三個菜後甚是欣賞，好像面對幾幅圖畫。吃到第四個菜，客人看到湯裏的蛋殼，因問侍候的僕婦：「您的菜都做得很美味可口，但這碗湯何以有蛋殼？」僕婦回道：「老爺有所不知，頃間老太太吩咐說：老爺是高雅之士，不是『肉食者鄙』那類人，要小的辦幾樣雅致一點的小菜敬奉老爺。所以不敢買魚煮肉。小人未讀詩書，雅俗難分，只記得小時候聽過這四句千家詩，就揣度這四句詩意做這四樣粗菜，敬請老爺品嚐。」這位嘉賓原是讀書出身的大官，一聽到人家恭維他是高雅之士，很開心戴上這頂丈八高帽，於是便問：「是甚麼詩？」僕人便把上面四句唸給他聽。這位達官貴人一面聽，一面想起吃過的菜，確是詩情畫意的，用幾片蛋殼象徵船舶，也恰到好處。不禁叫好！生平吃過不少佳餚，卻從沒嚐過這樣雅致的菜。深謝主人而外，還對僕婦大加賞賜。

① 本文為一九七二年六月在三藩市華廚訓練班講稿。

詩情畫意的菜

這位達官貴人當時因公道經該地，順訪故人的遺孀，初不知這位故人的遺孀夫喪子亡以後，家景蕭條，只有一個相隨多年的老僕婦相依為命。遇到故舊光臨，免不了盡地主之誼，但哪裏來錢呢？傾其所有，只有幾個制錢。還是這位老僕婦人急智生，說：「老太太請放心招待客人，我會妥辦款客的菜了。」結果就弄出了幾個詩情畫意的菜。這個傳說的故事是真是假，也不必管它，如果這位會做詩情畫意的菜的僕人生當今世，而諾貝爾獎金又有一項烹飪藝術獎的話，得獎的必這位僕婦無疑。

假如開菜館做菜，全要弄成有詩情畫意的菜，恐怕免不了關門大吉。尤其在美國，弄幾個像圖案畫的冷拼已不容易，這非大頭廚們做不來，而是人力、時間和各種限制。所以中菜的色，吸引非中國食客的可能性不大。倒是中菜的「盆頭」卻比任何外國菜的菜式多，變化多，一隻雞就有逾百種以上的做法，一棵菜也可變出多種不同的烹調。好奇喜新是人的通性，為了好奇而吃中菜的外國人很多，但一次、二次、三次以後，新的變陳，少了好奇的吸引。如「甜酸豬肉」，有些美國人父傳子地仍繼續每吃中菜必吃「甜酸豬肉」的，此因西菜裏沒有「甜酸豬肉」這類味道的菜，二來一般的「甜酸豬肉」的甜酸味既不太甜也不太酸，他們吃得甚為過癮。故老拙認為，中菜對西人最具吸引力的，還是一個味字。

中菜烹調是有組織有系統的，既是一門科學，也是一項很複雜的技術，刀鏟的技術要是不熟練，做菜不但要多花時間，也不易做出好效果的菜。中菜也是一種藝術，同樣的作料，同樣的烹調器具，同樣的火候和處理方法，做出的效果卻非人人一樣。有的做得好，有的做得不好。在西方世界，烹調視作一種藝術，做菜做得好的廚師被認作藝術家。

西方世界既有做菜藝術家，做中菜的自然也有藝術家，中國人在世界各地開設中菜館愈來愈多，外國食客也不斷增加，由此可證明中菜的藝術價值很高，如其不然，在不同歷史、文化、風俗、習慣的地方開設的中菜館，如果沒有當地食客歡迎，試問：怎可開下去？又怎可成為美國華僑一枝獨秀的事業？

對西菜的烹調，如果稍為留意，會發現中菜的科學方法不及西菜，做菜的用具中菜也不比西菜的多。中西菜的烹調技術，則因各有不同，難於相提並論。老拙認為：做菜的藝術，東風所以壓倒西風，最重要的還是中菜的味道千變萬化，有西方食家以「無聲的交響樂」比擬中菜的味道。交響樂是多種不同樂器，奏出不同的音響，使聽者感到喜、怒、哀、樂、悲、歡、離、合的，把吃中菜的味覺比擬交響樂，似不無道理。

研究西方音樂的，免不了要明白樂理，樂理就是音樂的道理。樂理有很多名堂，有尖，有圓，更有「音色」，原來音也有「色」的，外行人是不大了了的。是則學做職業廚師的，似乎也免不了要知道一些「味理」了。

「味之精微，口不能言也」

食物中的味，為甚叫做味道？可見味也有道。精研味理的，更分出味的物理，味的哲理。三千多年前，出身農家，精於烹飪，位至宰相的伊尹說過：「味之精微，口不能言也。」則味之道，果真有難說的秘密？不管味道有甚麼秘密，幾千年後的今天，即就美國而言，不少的黃帝子孫，便靠了「口不能言」的「味之精微」這份遺產，在廚房裏弄刀鏟混溫飽。

味道確有「口不能言」的秘密。近代西方醫學家和科學家認為，味覺只是使人飲食有味，得到一種快感，不比視聽官能重要。麻省理工學院食物化學教授威克說過：「眼睛見到的和耳朵聽到的，都有辦法記錄、映播、保存、複製、傳送、放大和說明。倒是味道和氣味這兩種東西就辦不到。」足見味確有其「精微」的地方。

由於西方科學家不斷研究「味之精微」，發現味覺有時也會有病。美國健康研究所內分泌神經組主任韓肯博士發現，一個人的味覺有了毛病，體內必有其他毛病，無法辨別某種味道的人可能已發生某種疾病。因此韓肯博士相信，總有一天，醫生檢查病人，還會增加味覺測驗的設備。中醫診病的望、聞、問、切中的問：胃口如何？古已有之，不過沒問到病人對某種味的反應這樣「精微」。

美國的傳統說法，認為舌尖管鹹味，舌旁管酸味，舌中管甜味，舌背管苦味，經科學家的實驗證明美國的傳統說法不對，感覺味道的味蕾，不但分佈在整個舌頭、上顎，甚至喉嚨也有味蕾。每人的口腔大約有一百多到三百個味蕾。味蕾怎樣發揮它的作用，目前似乎還未詳知，推想是味的分子和味蕾裏的蛋白質碰頭，形成化學合基，這種化學發生能量的轉換，變為電波，經過神經系統上達腦部。因此生理學家認為辨味的器官實際在腦裏面。

在還沒知道舌喉間有所謂味蕾以前，我們的古人已知道菜要做得好，味是最高的境界。孔子有句話：「人莫不飲食也，鮮能知味也。」把味字放在第一，所以不管你是職業廚師，或是做菜為個人享受，學好了刀鏟、選料、製作功夫而外，對味的秘奧，也該多花些時間尋求。

通常講到一個味字，總把道字連在一起，即是說味也有道。味的道很闊很大，也很深很遠，千變萬化的。菜做得好，看來悦目，嗅到想吃，固然重要，但吃來味不好，就不是好菜。菜餚的烹調，不過是作料加上味料的混合加熱製造，正如各種顏色，畫家用筆蘸之塗在紙上，變成各種圖畫，古今中外的不朽名畫，不過是紙或絲、布料塗了顏色而已。對此道一無所知的，則連塗鴉也不成，怎會繪出不朽名畫。

前味、後味與餘味

味如原色一樣，不外幾種，有説味只四種，有説五種、六種。五種味是鹹、甜、酸、苦、辛，四味是生理學家説的，認為辛辣不過是酸的一種，不應稱為一種味，至於六味是佛家説的，鹹、甜、酸、苦、辣外還有一種淡味。中國人吃一輩子的白米煮成的飯，原沒有覺出味的，入口後一經咀嚼，就發現有味，這就是淡味。在中國，有人說某省的菜有五滋六味，某一地方菜有七滋八味。甚麼是滋？是否即惹味？惹味的意思是具誘惑力的味道，吃過還想再吃。對味道有研究的，認為除了幾種原味外，還有前味、後味、餘味，中國人早已發現若干種味混合而成的味道，稱之為和味。做得好的滷水食物，除鹹突出，感覺有香味而不能道出某種香的。西方人最傾倒的中菜「甜酸豬肉」的甜酸味較為突出，其實還有辣味和鹹味。這兩種食物的味道都可稱為和味。美國的飲料可口可樂，甜味突出而外，還有其他味道，卻不能說出是甚麼味，也可說是和味。

食物與舌頭接觸的味是前味，經過咀嚼，由舌頭後部及咽壁、鼻腔感覺的味的總和叫做後味。飲食後感到還有味就是餘味。名廚烹調的菜，一吃再吃也不厭，則因吃過以後猶有餘味。好味的食物，最重要的味不是前味，而是後味同餘味。聲樂中有尖有圓的分別，味也有尖圓的，有些甜酸食物的甜味為甚麼不用白糖而用黃糖？為的是減少尖味。為尖為圓的感受也人各不同，同是一人對尖圓的感受也不一樣，喜愛杯中物的，酒前和飲至半醉時對味的感覺就大有分別了。所以「味之精微」真是「口不能言也」。

中國烹調術馳譽全球，是否與中國人的辨味本領有關？而中國的辨味本領，又是否與遺傳有關？這要研究遺傳學的人們解答了。就美國食物中心的調味品櫃架所見的調味品種類，不比中國的少，而中菜在西方世界能落地生根，它的秘密武器似乎還是一個味字吧。

中菜的主要味道自然是五味，但五種味也有很多層次的。在我們中國，因氣候和生活環境的不同，有些地方多吃辣味，有些地方愛吃有麻味的食物，生長在缺鹽和缺糖地區的人們多愛吃較鹹些、甜些的食物。也有愛吃帶有苦味食物的，單一個苦字，就有苦中帶甘，苦中帶澀，真是五花八門，變化萬千。而這種變也因時、因人、因地而有所不同。中國菜是中國文化的一部分，也是世界上多彩多姿的食文化的一部分，有太陽的地方，就有愛吃中菜的，被稱為萬物之靈的動物。這些動物所吃的熟食作料也跟我們所吃的大同小異，也要弄刀弄鑊，為甚麼喜歡吃中菜？談來談去相信也脱不開一個味字。

這樣説，我們也就不能不感謝列祖列宗，留給我們一大筆的文化遺產，近二三十年來在海外直接間接養活了難以數計的子孫。在美國來説，當時得令的學者專家，在未學成專業以前，在菜館裏弄過刀鑊或穿白圍身的，大有其人。

治大國與烹小鮮

列祖列宗遺留下來的烹的技巧，調的方法，讓我們在運用刀鑊時，不外如畫家把色彩塗在紙上面，宜濃則濃，應淡則淡，運用之妙，存乎一心。

近年美國流行的「嬉皮士」，一部分的精神祖宗可説是我們的老子。這位返樸歸真的祖師曾説過一句話：「治大國如烹小鮮。」把治國的大事與烹飪相提並論，可見做菜確是一門頗為不簡單的學問。

名滿畫壇、食壇的張大千先生，既是拿筆塗色彩在紙上的藝術大師，也是弄刀鏟的藝術大師，數年前來美，老拙為故雨洗塵，弄了一個入過廚房都會做的鄉下菜「燉陳皮鴨」，做攜菜入席請觀音的羅漢，誰知大千先生會吃喝得過癮，認為不僅在美國不易吃到這種湯菜，甚至在中國的港、台也不容易嚐到這種醇香而清鮮的陳皮鴨湯。究其實這個湯菜的突出處是四分之一角的，四十年前已值一美元一兩的舊陳皮。大千先生説好，大概就是因為四分之一角的舊陳皮的醇香味道吧？大千先生的辨味本領竟如是高強，確是有真本領的食家，名符其實的烹飪藝術家。

可列入古董的這點陳皮的味道，會贏得大千先生欣賞，則因大千先生嚐過很多陳皮的味道，才發現這點陳皮的香味是古董的味道。要是拿這一份陳皮弄一個「陳皮鴨湯」請山姆大叔嚐，充其量只是一個好字。此因山姆大叔的辨味紀錄沒有或少有陳皮的味道。雖然古聖人説過：「口之於味也，有同嗜焉」，但嗜的等級就大有分別。一輩子生活在河北或廣東的人，對一角古董陳皮味道的評價就不會相同的，主要原因生活環境和習慣不同，對味的愛好未盡同嗜；又如鈎片①、插莊②、淡口、霉香、蒜子肉的黃花鹹魚，廣東食家認為這是鹹魚中的頂品，但沒離開過雲南本土的人，觸到這種霉香味可能馬上發生嘔吐的反應；又如四川人偏愛的痲味，湖南人的辣味，江南人的臭豆腐味，全與當地的氣候和傳統生活習慣有關，甲地「有同嗜焉」的味道，乙地未必「同嗜」。對味道為好為壞的批評，也要很客觀才找出其中道理。假如由四川名廚弄一席川西川菜，讓廣東的廣州人吃，廣東的廣州名廚弄一席廣州菜，讓川西人吃，很難使這些食客完全滿意的。但是讓川西人及廣州人各吃他們的鄉土菜則對這兩席菜的烹調就有很高的評價了。

在廚房弄刀鏟日子久了，自然會達神巧的境界，但「口不能言」的「味之精微」的味就非多用舌頭實習，不易悟出其中奧妙。美國高級學府裏面的專家學者研究味的問題已多年，到如今還沒完全找出像數學一樣的一加一就等於二的道理，則弄刀鏟的人要做得好味的菜，是否要在味的方面多做功夫？

五十年前，上海有一家菜館，凡休假的廚師，在外面吃的，由菜館付賬。驟然聽來，似不甚合理，也不大有可能，其實這家菜館的政策是：讓休假廚師在外面多吃各種不同的菜，希望藉此達到中國的一句老話「他山之石，可以攻玉」的目的。

① 食家認為醃製鹹魚以釣的魚比網的魚為佳。

② 香港製鹹魚有一種方式，是將新鮮魚原條垂直插進鹽堆中，一天後取出曬乾。

由基辛格說到「煉油」①

十年前留學美國的中國學生，學理工的幾佔百分之九十以上。一因美國是科技最進步和發達的國家，其次是理工人才在美國也需要，留學以後要留人，也容易找到職業，有了一份安定的工作，用度節省些，很快就有私有汽車和一幢房屋。

要是讀文科，尤其學歷史，即使學而優，也不見得比學理工的找職位機會多和易於掘金。三十年前在中國或美國，學做廚師的甚少，即使個人對廚藝有特殊興趣，但多數人認為廚師是不長進的職業。這同留學美國讀歷史一樣，未來的前途是老鼠尾生瘡——大極有限。

科技最發達的美國，搞科技的確不愁沒有出路。但世界是不斷在變的，天天變，時時刻刻變。一九七〇年美國政府放棄同蘇聯的軍事科學競賽，大量裁減研究的費用，不少科學家就踏上「不利」的「流年」了。科學院裏的高級科學家也覺得：「美國科學蜜月過了二十五年，也該暫告結束了。」

「世界輪流轉」，確也有這麼一回事：科學家「流年不利」，學歷史的則開始「合當交運」。一九七二年，全世界報紙以人名作頭條新聞最多的，不是尼克遜，而是讀歷史出身，做歷史教授的基辛格博士。

在美國，做中菜館的廚師，近三十年來都過着「一路福星」的日子。在美國的初級或中級理工的工程師，月入所得未必多過一間菜館的頭廚，這是眾所周知的。於是拿了碩士或博士學位，做菜館「波士」的，也非絕無僅有，雖不能飛刀弄鑊，為的是靠攏了頭廚們可過「一路福星」的日子。

廚房裏飛刀弄鑊的頭廚們既然是「吉星拱照」，做菜館「波士」的，當然也「財源廣進」。生意不好，改組或關門的菜館不是沒有，但就美國整個中菜業來說，仍是「周年旺相」的。依老拙個人看，美國的中菜業仍繼續有好的遠景。

愛吃中菜的山姆叔嬸不斷增加，自然要有更多的中菜館供應中菜。懂得在中菜館廚房裏弄刀鑊的，也需求日增，即以曾在華廚班受過訓練的學員來說，拿了畢業文憑以後，百分之九十以上獲得學以致用的機會。一九七三年開始，由美經濟輔導會支持的各種訓練機構，很多已中止舉辦，華廚訓練班則仍續獲政府的支持，可見華廚班的訓練有好的成果和廣大社會仍需要中菜廚師。

① 本文為一九七三年五月在三藩市華廚訓練班講稿。

羽扇綸巾的基辛格

路是人行出來的，歷史也是由人寫的。一介書生的基辛格，離開他的歷史教室，走上政治舞台，掛上特使招牌，耍出的外交花招，齣齣新鮮，套套使人目眩，不僅是西方外交史上僅見，連在美國國會搞一輩子外交的老子，也感到基辛格博士的外交戲法玄妙離奇！

其實，基辛格的外交戲法，稍為讀過中國歷史的，都知道在我們中國是古已有之的。每年在美各地華埠開演的粵劇，頭台戲必演一齣《六國大封相》，坐車掛白鬚的蘇秦，當年也不過憑三寸不爛之舌，說服六國聯合抗秦，於是秦國十五年不敢出兵函谷關，所以六國封蘇秦為相。蘇秦所變的戲法名堂，叫做「縱橫術」。

熟讀歷史的基辛格博士，自然也讀過不少中國史，也知道有蘇秦這麼一個人和縱橫家的縱橫術，更清楚有的國家的外交戲法先說後變，有的國家的外交戲法變了才說，有時且變了也不說。學過歷史的美國外交特使知道各種戲法怎樣變，於是說服了北越的幕後人，結束了美國介入多年的越戰。把這件事當故事說則很簡單，然而基辛格的「一舉成名天下知」，實在也經過「十年窗下無人問」的時日的。

基辛格博士的成就，依照我們的古老說法，也離不開《論語》說的「溫故而知新」，知道很多很多舊戲法的道具，用新的巾和新的扇去變新的戲法。

「溫故而知新」

今天講的也是「溫故」，中菜烹飪史上有了很久的「煉油」與「碗芡」。

今日在美國，學習「洗手作羹湯」，不僅不能目為不入廟堂的職業，而且是一種收入不錯的職業。已做了「面團團富家翁」的黃帝子孫，成功在飛刀弄鑊的大有其人。

凡經過做菜訓練的都懂得各種芡的用途和做法的，也知道中菜特殊的烹調術的訣竅，正因為如此，「溫故」一番，也許會獲致「知新」。

炒是中菜有別於西菜最突出的烹調法。一提到炒，就連帶想及炒的器具——弧形鑊，平底鑊固然也可把作料炒熟卻沒弧形鑊的效果。任何一個中菜廚師，一定要他用平底鑊炒菜，而要有弧形鑊的效果是辦不到的。究竟弧形鑊是因炒的烹調法而發明，抑有了弧形鑊後才有炒的做法，這是史家研究的問題。以急火快熟為目的的炒，傾下鑊裏的作料要是用平底鑊，便不能自動集中，用鑊鏟翻勻作料的次數，恐怕要多過弧形鑊的次數很多，自然要多些時間才熟，所以炒與弧形鑊，可說是牡丹與綠葉的關係，是缺一不可的。炒而外，弧形鑊的用處好處還多，堪稱為烹調器具的偉大發明。

炒的做法免不了油，很多炒的做法的菜餚也免不了芡，用多或少的油和芡，則視乎作料和要求的效果而定。

就老拙所知，不少廚師做炒菜很少「煉油」更少用「碗芡」。在中國，講究炒技的廚師，凡做炒的菜，必先「煉油」，又看那一種作料的性質，所需的效果而用「碗芡」。

或者有人會說，美國管炒鑊的廚師，一雙手管一對鑊，當食客坐滿餐廳時，一小時內做四五十個炒的菜，滿額的汗還沒空去揩一揩，即使有第三隻手，也沒時間「煉油」和調「碗芡」。這是知其然，而不知其所以然的說法。炒的菜為甚在鏟起前要灑些酒和加些麻油？為省時計，又何必多此一舉？灑酒和加些麻油的目的是炒起來的菜嗅之有香味，吃之有後味。麻油為甚又不提早加進去？則因熱力過多會把麻油的香味揮發，就嗅不到香氣。再就是傳統的做法而有香的效果的，該是灑紹酒，美國沒有紹酒可用（近來已有紹酒了，但太貴，做普通的菜也用紹酒的話，則成本過高），代用品只得用美國出品的酒了，但香的效果仍遜紹酒的。

炒菜要用「煉油」也是為了香的效果。用煉過的油炒菜，和不用「煉油」炒的有甚麼分別？這是很容易便找出答案的。用沒煉過的和煉過的油分炒兩碟青菜，作料味料，同一分量，不同的是煉過的與沒煉過的油炒而吃之，便知道分別在哪裏。

做炒菜所用的「煉油」，也無須炒一碟菜煉一次油的。假如每天要做約一百個炒菜，則先煉炒一百個菜的「煉油」便可。而「煉油」也不是一宗麻煩的工作，先弄好了葱白、薑片及蒜蓉若干，和約炒一百個菜所用的生油，同時放在鑊裏，煮滾生油，一直等到薑片浮面，蒜蓉微黃，即可停火用器盛之，蒜蓉、葱白和薑片都不要，便是已煉好可作炒菜用的「煉油」。

何以要用「碗芡」

有些炒菜要很強火力，但也要將火候控制得宜，不夠固不可，過多也不成，如炒芽菜，不夠熟則吃來有豆的青味，過多就失去爽的效果。火候過多與不夠，有時真是間不容髮，緊張處幾與美式足球比賽的走位相似，贏輸之間，有時僅差在一步之五分之一。為保存作料的原味和爽或嫩的效果起見，在炒之前準備「碗芡」，也可避免量的過多和不夠，太薄和過厚的毛病。這與中國畫家寫中國畫一樣，心中先有了畫，下筆之前已算好線條的長短粗細，墨色的濃淡，在濡筆蘸墨與水之間，已知道下筆後的色澤的濃淡厚薄。看中國畫家示範，蘸墨與水的時間往往比下筆的時間多，開始東一筆濃的，其次是西一筆淡的，看來全不像在寫畫，寫過了幾筆以後，才見到寫甚麼的輪廓。技巧極熟練的廚師也常用「碗芡」，等於畫家蘸墨與水，有時比寫的時間多一樣，為的是要控制寫了以後的畫面。

所謂「碗芡」其實不過是把各種該用的味量放碗裏，加上粟粉或生粉，放在鑊邊備用。到該用時拌勻傾入鑊裏，則在炒作料時候可不必分時分神調芡。

炒的菜用芡也等於畫家的寫龍後的點睛，寫得極好的龍，要是睛點得不對，沒有活氣的話，便會變了一尾大蛇。炒的做法是中菜的高度技術，要用芡的炒的菜，如果調芡技術不熟練，也是難把菜炒得好。味的濃淡而外，還要顧及厚薄，對此道不熟練的，常有量多或不夠，過厚或太薄的毛病。下芡後和作料翻勻即可起鑊的，發現芡量過多，要把過多的芡鏟去，則作料已過熟了，香氣也消失了，哪裏還談得上「鑊氣」？

美國的中菜館用「碗芡」的不多，用「盆芡」則極普遍，山姆叔嬸喜歡吃的「甜酸豬肉」的甜酸芡，幾乎全先弄好了甜酸水的，這樣做可減少調芡的時間，每一個「甜酸豬肉」的甜酸味也都一樣，不會昨天的酸些，今天的又過甜。

「盆芡」既可早作準備，「碗芡」又何嘗不可提前弄好？

味道和氣味是見不到也聽不到的，複雜而又多變的，用「煉油」和用沒煉過的油做炒的菜，有人一吃便知道不同，也有人分辨不出。美國科學家把這些問題做過很多實驗，也找不出正確的結論。

年來在美國也可喝到茅台酒，老拙也嚐過，確是百分百地道貨，自一九二八到一九三八年間，老拙喝過不少茅台酒，比現在的香醇得多，但無法説出過去的比現在的好在哪裏。不過，三十年前的茅台酒，在一千平方尺的客廳的西邊角落開瓶，東邊已嗅到酒香的味道。假如只喝過「新」的茅台而沒嚐過「故」的，也就無法知道「新」與「故」的有何不同。即使有「新」和「故」的，讓涓滴不沾唇的嚐試，也是囫圇吞棗，不知其味。

「蝦子豆腐」是珠江三角洲到黃浦灘頭都有的菜，老拙在美西一家菜館吃過「蝦子豆腐」，腥到無法下嚥。老拙生長在食有魚之鄉，吃腥能耐是很強的，也食不下嚥，何況不慣吃魚腥的。大概做「蝦子豆腐」的師傅少做「溫故」的功夫，甚至根本沒做過，於是不大明白又鮮又腥的蝦子怎樣處理才可去腥味。做菜要做得好，也要花些時間做「溫故」的功夫。中國菜有悠久的歷史，種類也多，可溫的「故」真是浩如煙海，從事廚藝的，「溫故」也許是不能不做的功夫。

「中餐症」與味精

「中餐症」一詞，是由一九六八年前一位旅美華裔醫師發表的一篇文章引起，《紐約時報》曾把中國餐館（Chinese Restaurant）和病症（Syndrome）連在一起，就成為「中國餐館症」，引起若干美國人對中餐的不衛生錯覺，使美國華僑一枝獨秀的餐館業遭受到嚴重的打擊，尚幸餐館同業能團結一致，沉着應付，終把大事化小，小事化無。所謂「中餐症」，問題的重心在做菜調味品的味精用得太多，假如味精用法和分量不是漫無標準的話，可能不會有「中餐症」的風波。

科學時代的廚師，列為不入廟堂的職業，但廿世紀五十年代開始，文明的西方世界已視中國菜饌的烹調有高度的藝術性，吃中菜的西人愈來愈多，於是靠中國食的文化遺產在世界各地混飯吃的黃帝子孫，到如今，直接間接會超過一千萬人。中國的高級學府如果把中菜的烹調列入學術範圍，作有系統的研究，讓中菜業者對中菜多些認識，也許根本沒有所謂「中餐症」這回事。

自從有味精輸入中國，和中國也會製造味精以後，吃多用味精調味的菜，有不良反應的事實已存在數十年。中國至今似乎還沒像美國的食物管理機構，對用不用味精做菜或用多少，

▶ 八十年代陳夢因在海外報章撰寫飲食專欄。

過問甚詳。

四十年前，平津、隴海、平漢三大鐵路所經的大城市，已有不少大菜館把罐裝的味精同魚翅、鮑魚一類海味放在人人看見的窗櫥裏，可見做菜用味精調味早已理所當然。惟自「中餐症」問題發生後，台北報上的「駁斥」新聞說「我們中國愛用味精的說法是不正確的」，未免天真一些，就老拙近四十年足跡所到的地方，可算不太少，卻沒發現做菜不用味精的中菜館，只是用的分量和方法不盡相同而已。

廣東菜在「食在廣州」的初期時代，做菜是不用味精調味的，其後雖用味精，也秘而不宣。直到如今，仍沒見過一家菜館把味精放在人人見到的窗櫥裏。粵菜館做菜既與其他菜館一樣免不了用味精，為甚又秘而不宣？經過情形大概是這樣的：

民初以後，廣州有過「食在廣州」的美譽。這與歷史、經濟、交通、文化各方面都有關。

廣東是中國富庶的省份，魚蠶之鄉，加上清中葉以後，廣州是對外通商的重心，除原有的豪門富戶外，還有辦洋務的買辦，經營進出口業的十三行的大商家，都有資格「一食萬錢」。食更是養生不能或缺的，好的食物也是一種享受和娛樂。有錢的更懂得「寓食於醫」和「寓食於色」。廣東菜與一個補字有關的菜，更為全國之冠。講究食的既多，先後也出現了很多講究飲食的「食家」，江孔殷太史便是民國前後出名的「食家」之一。據説廣東菜的上湯標準，便由江太史等「食家」弄出來。一盆十斤的上湯，就用十斤肉類——老雞、瘦豬肉、火腿，十五斤水慢火熬成。當時最有名的四大酒家之一的南園，一飯碗上湯的代價就要八銀毫。當時米價每擔約五元港幣。十斤肉類熬成十斤湯，味道自然很鮮，有錢又有閒的階級既習慣了喝這種味道的上湯，其時雖已有味精輸入廣州，大菜館都不敢用作調味品。因為習慣了喝十斤肉類熬的上湯的，加上味精的湯，入口便知道少了多少肉味。後來也許因為肉類的價錢貴了，為了減少成本或想多賺錢，也用了味精調味，但用得很少，且發現好的肉湯加進少許味精，還有「搶喉」的效果，於是做菜用味精調味也逐漸普遍。然而廣東菜一向講究清、鮮和原味，菜館做菜雖用味精，如被食客發現，則這家菜館很快便有門堪羅雀的情景了。

用味精做菜的粵菜館始終秘而不宣，以味精代替肉的鮮味後來也普遍增加，不少調味品，甚至醬油，也有加上了味精的。做菜用味精的分量加多了，不少調味品也加了味精，於是向來講究清、鮮、原味的廣東菜也有些變了。一席廣東菜，吃後沒有「喉乾舌燥」反應的，已不常有。

科技發達的美國，很多食物都用加速的方法成長，即以雞和豬來説，都用「快高長大」的方法，吃的飼料也有腥味和臊味，肉味既不夠鮮，還帶有腥臊味，因此，也要用味精才會有鮮味。物料的本質現在同過去有了很大的變化，吃來要有鮮的效果，用味精是免不了的。要避免有「中餐症」這回事，則味精的用法和分量，大有研究的必要。

一個菜或一席菜，究竟該用多少味精才可避免吃後有不良的反應，也因人、地、時、氣候、習慣之不同而異。如我國的「芳鄰」，幾乎人人都是吃味精世家，多吃些也不會有甚麼反應。以酒來説，有人喝一杯即醉，也有人罄一瓶也不醉。

用味精做菜，老拙一向不贊同，自然親眼見過也自己經驗過吃有味精的菜有不良反應。凡一桌菜都用了味精作主要調味品，就沒有味的層次，怎樣稱作好菜？這等如一齣全沒高潮的戲，怎算是好戲？

菜館做菜用味精調味已為不可或免的事，問題是用的分量是否適當。

日日新的中國菜①

世事不斷地變，時時刻刻地變，中國菜也是「日日新，又日新」。

以近十年來說，要吃各式各樣的，等級不同而又做得夠水準的中國菜，恐怕要到香港或台北了。這樣說，是指一般而言，並非說其他地方的，甚至美國的中國菜做得不甚好。拿炒牛肉來說吧，是中國各地菜館都有的菜式，香港的和台北的，就不見得比美國的好。烹調技術雖各有千秋，嫩的好的牛肉不比美國多，這是物料所限。台北、香港也有好的牛肉，價錢卻不便宜。尤其香港，牛肉是來路貨，用腰枚肉或柳枚肉做炒牛肉固然嫩滑，但這些肉的價錢不廉宜，於是德高望重的牛髀肉也成為炒牛肉的作料。一般炒牛肉吃來要嫩滑才合標準，為了要嫩滑，不得不求助鬆肉粉或蘇打食粉這些破壞肌理組織的東西，多用一些或醃的時間多些，炒好後的牛肉，固然有嫩滑的效果，讓視而不見的人吃，吃之前又不說明是牛肉，只知道吃的是肉，而不知是牛肉，因為沒有牛肉該有的肉味。美國的山姆大叔幾乎全是吃牛肉的世家，即使炒得很好的牛肉，要是沒有牛肉味的牛肉，還不若吃有肥肉和筋混在一起的廉價漢堡包——等於中國的牛肉餅——可口。所以美國的炒牛肉比港台的好，是作料問題，而非烹調技術有所不如。

香港和台北各式各類、等級不同的中國菜的製作所以合乎水準，不外：（一）台北是中國人的社會，香港的中國人也佔百分之九十以上；（二）鄉土作料易於羅致；（三）作料處理和味道調配以傳統習慣的效果為目的。

即以微不足道的調味品花椒和陳皮來說，美國也產花椒，凡有唐人街的地區也可買到陳皮，要做有花椒和陳皮味道的菜並不難，但生長在四川的四川人，總覺得花椒的香味遜於四川的花椒，吃慣了廣東三寶之一的陳皮味道的老廣東，如吃有陳皮味的菜餚，肯多花些錢吃沒有苦澀味的老陳皮。在香港和台北，要找些四川花椒和廣東柑曬乾的老陳皮就比美國容易，這就是港台的中國菜做得較好的原因之一。

古老排場的茶點

不論在香港或台北，同是一樣菜，售價廉宜的食客固然多，貴一倍或兩倍的，也一樣有食客。香港有一家數十年前便有女招待的菜館，一家專賣名茶美點的茶室，一切陳設裝置數十年來一樣，儘管香港社會一變再變，飲食行業的噱頭百出，但這兩間菜館和茶室依然客似雲來。講究吃，且愛吃「古老排場」的菜而又肯出錢的，就愛光顧做「古老排場」菜夠標準的

① 本文為一九七二年二月華廚訓練班講稿。

這家有女招待的菜館。比如說吃雞燉鮑翅，翅身要二十兩，不會用十八兩的；又如做窩麵或炒麵的麵條，用機製的麵條原可減低若干成本的，仍用傳統的人工打成的麵條，為的是人工製的麵，一經咀嚼就有些香味，是機製麵所沒有的，因此有很多愛吃人工打麵的食客。假如三藩市也開一家賣人工打麵的菜館，也不見得有很多食客會欣賞這些人工打麵，尤其山姆大叔根本不知道機製麵與人工打麵有甚麼分別。

以名茶美點作號召的一家茶室，即使至愛親朋光顧，也不會有「免收茶錢」這回事。為的是一盅茶的茶錢比普通茶室貴一至二倍，盧仝陸羽之流並不因這家茶室的茶錢收得貴而卻步。如果在美國開一家賣貴茶的茶室，不見得有很多肯付貴茶錢的茶客。這不是美國的茶客吝嗇，而是真正懂得品茗的人不多，倒是賣貴咖啡的咖啡室則不愁沒喝貴咖啡的咖啡客。紐約近年來很多賣廣東點心的茶室，過半顧客喝的是咖啡而非茶，可見咖啡客比茶客多。

香港廣東人最多，故粵菜館和粵點的茶室最多，連橫街陋巷小食攤檔所賣的也以粵式的最多。台北自然是台籍人士最多，其次是華中、華北各地的，粵籍的較少，粵菜館和賣粵式點心的也不多，近年雖大為增加，同其他的比較，也是佔少數。

作為一個職業廚師，想在廚藝各方面再作深入的研究，廣東以外的，當然台北最理想，有不少人沒嚐過山西菜和雲南菜，在台北也有雲南菜館和山西菜館。假如只想知道更多的廣東菜式和點心的製作，則香港仍是一個好所在，古老的或革新的，迎合歐美或東洋食客口味的，

「一食萬錢」或普通的菜式和點心，無不應有盡有。

中國菜不斷地變

台北自是台人最多，來自大陸各省的也不少，既有各省的菜館，對家鄉菜饌的烹調效果當然要求較高，故湘、川、閩、滇、魯、蘇、浙等菜館的菜饌都有很濃厚的鄉土風味。粵人住在台北不算多，有一家菜館的正店和支店的菜價就不一樣，較廉的固多食客，貴的也一樣有顧客，此則由各人的經濟環境和口腹之慾所要求的標準有所不同。

過去在台北吃過的湖南名菜「鴿盅」，用約五英寸的竹筒做盛器，看來新穎雅致，味道清鮮嫩滑而不膩，最近又在台北吃過「鴿盅」，名稱則改為「香瓜鴿盅」，為甚麼不用竹筒作盛具而改用去核的香瓜？這也可說是一種革新，依老拙個人看來，這種革新不算革得好，一是視覺上少了雅致的感覺，二是甜味太濃會減低「鴿盅」的鮮味。

中國菜不斷在變，南變北，西變東，更有混集南北西東的，去蕪存菁而創新。如廣東的滷水食物，前人說是百年前學自廣州的姑蘇館，但老拙在江浙各地吃過的滷水食物，就不及當年廣州專賣滷味的做得美味而和味，這也許是個人習慣，不能說江浙的滷水食物不對。再比如數十年前上海有一家最出名的粵菜館，江浙人都說是做得好的廣東菜，老拙則認為並非廣東味道的廣東菜，江浙人都愛吃有甜味的菜饌，這家廣東菜館為迎合江浙人習慣的口味，於是不該有甜味的菜也加糖調味。

很多廣東菜館的滷水食物，都以「京都滷味」作號召，猶如廣州從前有一家西菜館的「瑞士雞翼」其實是地道的「豉油雞翼」，據吃過這種「瑞士雞翼」的鐘錶商人說：瑞士根本就沒有這種菜式。廣東甜點心的「馬來糕」，在馬來各地也吃不到的。「雜錦炒飯」稱之為「揚州炒飯」，揚州固然有飯，但同粵式的「揚州炒飯」不同。老拙也曾吃過曾被冠以「京都」的幾個滷味，如北京、南京、西京等地的滷味，都不及廣州出名菜館和燒臘店的滷味美味與和味。五十年前，香港客遊廣州，帶回佛山滷水豬手饋贈親友，等於香港人遊澳門買蟹買蝦膏一樣普遍，難道當時香港的菜館和燒臘味的不懂烹製滷水豬手？當然有所不同。內行人買佛山豬手還得聲明當天吃或三天後吃與七天後吃。買當天吃的，三天後才吃，則味道過鹹，三天後吃的當天就吃則不夠美味，這與烹調的味料有關。為甚麼所謂「京都滷味」的味道不及廣州的好？自然也與味料和烹調方法不同有關。廣東好的滷水，少不了有廣柑皮曬乾的舊陳皮，所謂「京都滷味」即使有陳皮，不一定是新會柑皮製成，舊的新會柑皮的陳皮更少，沒有舊陳皮的滷水，自然少了舊陳皮的醇香味道。有些地方的滷水食物叫做「五香」，就只有五種香料的味道。廣東滷水的作料則有八樣。吃慣了有八種香料做成和味的滷水，再加上製作過很多肉類食物的舊滷水，還有肉類的鮮味，當比只有五種香料的滷水食物好味。其實廣東的滷水也是學自別的地方，廣東是富庶的一省，在清末民初的年代，有錢又有閒的食家不少，終日唯飲食是尚，把各種食物的烹調方法和味道變來變去。又如廣東的片皮雞，不過是北京的烤填鴨變出來，鴨既可變片皮，於是炸子雞的做法把雞皮弄脆些，用刀可將雞皮一片片割出，便成為片皮雞。所以，中國菜的變，不過是南變北，西變東，古變今，多數人吃過認為可口美味，就是名菜。

美國各地雜碎館的「窩燒鴨」，中國是沒有的，可是很多山姆大叔認為是中國名菜。

聰明的創造

山姆大叔的辨味本能是否比不上黃帝子孫高明，非老拙所知。但山姆大叔愛吃香味突出的菜，則凡有做菜館經驗的都知道。山姆大叔更愛吃非甜非酸，既甜亦酸的菜，這可能是美國沒有這種味道的菜餚，是中國人在盛暑之季，為了刺激食慾而創製的。「甜酸排骨」凡吃過中菜的山姆叔嬸幾都吃過，且凡吃中菜免不了有「甜酸豬肉」。

山姆大叔既愛吃「甜酸豬肉」，聰明的頭廚，曉得山姆大叔的口味，更不喜歡吃有骨的食物，於是又把鴨變成有油香氣和甜酸味的「窩燒鴨」，同「甜酸豬肉」分庭抗禮的美國出名的中國菜。

話又得說回來，假如有一位中菜業的波士，在台北或香港開菜館，以「窩燒鴨」作招牌，相信愛吃這個菜的顧客，黃帝子孫恐怕不會佔百分之十。

提到鴨，又聯想到「芋泥鴨」，這是古已有之的中國菜。近在香港旅遊區中心吃過一次「芋泥鴨」，十分欣賞，但非做得最好，而是變得高明。

在旅遊區中心開菜館，外國遊客多，也愛吃油香突出的菜。但「芋泥鴨」的傳統做法是成隻的，是一個香酥的菜，是一席菜中的大菜。遊客吃成席菜的少，多是三三兩兩而來的。把原隻鴨分為若干份，看來不比成隻的悅目，而香酥味濃的菜餚，又是外國遊客喜歡吃的菜，不曉得是不是菜館的主持人正是掌管廚政的頭廚，把傳統做法的「芋泥鴨」化整為零，一對遊客也好，兩雙也好，隨時要吃「芋泥鴨」都可供應，定單一到廚房，用不到十分鐘時間，便把又香又熱的「芋泥鴨」端到食客的桌上。

成隻的「芋泥鴨」又怎樣化整為零呢？原來是火鴨——新燒的或昨天賣不完的，可不必追究——去骨弄碎，加上荔浦芋泥、味料拌勻，像雲吞餡一樣，然後用全蛋雲吞皮包之像雲吞一樣，炸至金黃色，用碟盛之，伴以紅綠色的新鮮蔬菜，看來悅目，入口酥脆，名之為「芋泥鴨」，大受外國遊客歡迎。

另一家開設在靠近尖沙咀渡輪碼頭，外國遊客幾乎都經過的地方的翠園酒家，卻又有另一套的變。

粉果原是平凡不過的點心，為了外國遊客怕多吃肉和愛好炸香的食物，用素料做粉果餡，炸香後作熱葷，等於美國的所謂「頭台」，也可說是翠園聰明的創新。

設在銅鑼灣的翠園，因食客對象不同，賣的菜饌也不一樣，一碗魚片粥亦由專家烹製，於是招徠不少講究粥品的食客。

炒與炆①

第二次世界大戰結束以後，出現一項新行業：教人做中國菜。過去的年代，教人做菜是有的，卻不能成為一種行業。女青年會及其他社團的教人做菜，被教的多是家庭主婦或閨中少女。但社會逐漸需要的不僅是會做菜的主婦，而是職業廚師，於是名廚和專家也「設帳授徒」了。自從有了這項新行業後，二十多年來，出現了很多教人做中菜的名廚和專家或教授。不僅中國的香港、台灣如此，日本、美洲以至歐陸各地，教中菜的專家或教授也不少，奇怪的是：港、台以外教人做中菜的專家或教授很多不是黃帝子孫。即以美國來說，這類專家或教授，並非黃帝子孫的更多。

外國人對中菜的愛好，開始時只是好奇喜新，久而久之便形成一種嗜好，正如有酒癮、煙癮者一樣，經過若干時間後要喝一杯、吸一支，每一星期要吃一次中菜的外國人，在美國就多得很。較少中國人住居的美國城市開設中菜館，食客對象並非中國人佔百分之九十五以上。

近年外國人的交際宴會，吃的不中不西，亦中亦西，牛排、沙律以外，還有排骨、叉燒、甜酸豬肉的已不是偶一為之。

很多外國人吃中菜既成為一種嗜好，當然是中菜有若干好處。簡單地說，中菜的味道總比西菜多些變化。吃中菜的外國食客增多了，自然要有更多的中菜館，既多了中菜館，也需要更多的中菜廚師，於是教人做中菜的專家和教授也就應運而生，新的行業便如是這般地形成。

就所知，教做中菜的外國專家或教授的教法，特別注重作料、副作料、調味品分量和製作公式，卻常會忽略其他方面。這也難怪，這類專家和教授除了銜頭外，籍貫以至血統裏全與中菜的中字無關，油條、大餅、魚蛋粉以至小籠餃子也有從沒吃過的，又怎能教人做有數千年歷史的中菜做得好呢？然而既成為專家或教授，也當然是有所本。但黃帝子孫教人做中菜，尤其向準備做職業廚師的傳授若干以為是科學的其實並非如此的公式，就不敢恭維了，套句老話說便是誤人子弟。

近年來美的中國移民大多知道，美國中菜業是中國人一枝獨秀的事業，廚師是吃香的職業。為了移民來美後有一技傍身，進而做菜館的波士，提前拜師學會做廚的不少；抵美以後，穿上白圍身到菜館的廚房弄刀鏟，主理廚政，進而做了菜館的波士，不到三五年就成為有產或中產階級的，大有其人；也有人自以為拜過師，學過藝，來美後穿上圍身弄刀鏟，不料稍嘗即止的；更有以為中菜業有可為，投資菜館業，到頭來血本無歸的。究其原因，不外學得不好或學得不夠，加上對在美經營菜館業所需的各種條件沒有較深的了解，準備也不足。

① 本文為一九七二年九月在三藩市華廚班的講稿。

毛手毛腳的廚師

又有過這麼一回事：有人拿了專家或教授發給的學廚畢業文憑，申請到外國做廚師，該國的簽證機構看了申請者的文憑確百分百真的，但不知這位有文憑的廚師的刀鑊功夫是廚林高手抑是南郭先生，為了求證，特約了幾個同事，共付出若干買菜錢，請這位有文憑的廚師作一次示範，結果是這位有文憑的廚師給予簽證機構主持人的印象，既不是廚林高手，也不是南郭先生，而是弄起刀鑊時毛手毛腳，技術未夠熟練，不允簽發入境證。但這位廚師為了一紙文憑卻花了不少時間和金錢，弄到如斯結果，真是始料所不及。

廚藝不精，廚政也絕鮮「親臨」的專家教授，教家庭主婦弄幾個好菜還可，教人做職業廚師那就值得考慮了。幸而華廚訓練班的眾多教頭，都是中菜業的廚林高手，從歷屆學員的就業紀錄看，便足證明。

中菜的烹飪原是科學的，用科學方法教人做菜並無不對，如果不包括其他就非全對了。僅以作料來說，用科學方法處理，效果未必完全相同的，因作料本身會有很多變化。活的動的不必說，以製成的罐頭作料來說，新的舊的有時也有分別，又如新鮮的菜蔬，早造與晚造的就不一樣，若用呆板死硬的方法處理，其效果往往不符理想。

一尾活海鮮，一尾離水已半天的海鮮，或同一尾擺在食物中心的貨櫃已三天的海鮮，肌理組織就有很多變化，用同一方法烹調，方法雖沒錯，但海鮮本身已變化，效果就當然不一樣。

中菜的烹調固然是科學，也是一項複雜的技術，更具有高度的藝術性。弄了數十年刀鏟的廚師，難道不清楚作料的分量和烹製的火候？技術還不夠熟練？卻不能獲致名廚的稱譽，就因熟而未能巧，或者巧的功夫未做得到家。

無論西菜或中菜，有了作料、副作料和調味品，還得靠用具和方法才可製成。西菜的烹製用具的種類比中菜多，但中菜的烹調用具與西菜的最明顯不同是一具弧形鑊。假如有些地方禁止中菜館用弧形鑊，尤甚於明令禁開中菜館。不用做中菜的弧形鑊，等於魔術師變戲法時沒有巾和扇，很難變出甚麼新奇戲法的。而中菜烹飪方法中的炒，也是西菜所沒有的。

弧形鑊與中菜，等於戲台上可扮演任何角色的萬能老倌。弧形鑊可作煎、炒、燉、煸等多種做法的用途，炒的做法更少不了弧形鑊。稍有入廚經驗的，都會做炒的菜，但不一定都做得好。前輩食家與名廚認為：炒得好的菜饌，有炒的香氣，蒸的嫩滑，而又能保存作料的原味，應爽應脆的也要有爽脆的效果。比如炒綠豆芽菜該是爽的，稍多火候就不爽，差些火候就有臭青味。為了要求的效果不一樣，很多炒的作料，在炒之前要經過醃、「泡嫩油」或「飛水」的過程，作用是減少物料所含的水分和增加香氣。炒得好的菜，作料上面仍會冒着輕微的白煙，嗅覺也觸到香氣，這便是通常所稱的「鑊氣」。一碟菜是否有「鑊氣」，是把菜夾進嘴巴前便感覺到的，有些人以為夠熱便是「鑊氣」，過熱的菜很容易弄成火候過多，過多火候便是炒老了，失去嫩滑或爽脆的效果。

「用粉以護持之」

一個炒字也有白炒、軟炒等之分，不用油的是白炒，炒滑蛋的是軟炒。

中菜很多烹調方法可以不用芡，一提到炒，就連帶想到芡，很多炒的菜要是沒有芡就難達到炒的效果。

芡在金山稱做「糊水」，有人説「芡」字是貢獻的「獻」，中國北方人也叫做「加滋」，很古老的時代也稱作「媒」。清代袁子才稱「芡」作「縴」很有道理。《隨園食單》的《用縴須知》説：「俗名豆粉為縴者，即拉船用縴也，須顧名思義。因治肉者作糰而不能合，要作羹而不能膩，故用粉以縴合之。煎炒之時，慮肉貼鍋，必至焦老，故用粉以護持之。此縴義也。能解此義用縴，縴必恰當，否則亂用可笑……」

大抵炒的菜餚用芡，古已有之，袁枚（子才）是乾隆年間有名的食家，於是更能説出「芡」義，把芡的道理説得很明白。

芡也有多種，有「紅芡」、「白芡」、「琉璃芡」、「白汁芡」等，芡的作料是豆粉、馬蹄粉、粟粉、雞蛋，還有有色的和無色的味料。用甚麼芡，胥視甚麼菜和要求的效果而定。如做羹則非用「琉璃芡」不可，芡粉則以馬蹄粉為佳，膩而不黏，看來似有若無，而又能把作料「縴合」起來。

前輩認為：有些受味的作料不一定用芡，不受味的作料則非用芡不可，如炒腎球、腎丁，就非用芡不可。牛肉片原是受味的，可先用味料醃過，但一經醃過味料的牛肉片，不特沒嫩滑的效果，且會帶韌硬性，故炒牛肉片都不先用味料醃過。為避免牛肉受到過猛的火力，又用蛋白或生油醃之，目的是保護牛肉，在炒時不容易變老韌。也有用蘇打食粉或木瓜粉醃過的，這要看炒的是甚麼牛肉和哪一部分。嫩的牛肉可以不用木瓜或蘇打食粉醃的，必要用時，也要用得適當，多些就會消失牛肉的肉味了。牛肉雖是受味的作料，吃來要又嫩又滑，就不得不用芡，味料則混在芡水裏面。

又如清炒蝦仁，依中國標準的話，就不易做到；最大問題是在美國不易找到活的淡水蝦。近年港台有些菜館的清炒蝦仁也變了樣，吃來雖爽脆而有鮮味，卻非蝦的鮮，而是另一種科學製品的鮮。端到桌上的一碟蝦仁，還冒着輕微的白煙，用不着下筷便知夠「鑊氣」，吃光後碟上還剩一些油膩和「料頭」（薑片和葱白等），從炒的技術來說，可算是炒得很到家，但是吃慣了淡水蝦原有鮮味的老饕，就覺得不對勁，不對的地方只是一個鮮字，化學品的鮮與淡水蝦的鮮是不相同的。不過，要是沒吃慣有蝦的鮮的清炒蝦仁，就不明白有甚麼不對。

港台中菜不比三藩市好？

蝦仁雖是受味的作料，如先用味醃過，也就不會爽脆，為了爽的效果，不得不先用梘水或蘇打食粉稍為一醃，再用清水漂清梘味或蘇打味，然後，放在乾布上，讓乾布吸去蝦的水分，用少許蛋白醃之，然後用「料頭」起鑊炒至半熟，噴酒後加入少許「琉璃芡」炒勻就可上碟。好的清炒蝦仁，一經齒嚼，就有爽脆感覺，嚼開的蝦肉到達舌頭，就知道這是蝦的鮮味。觸不到有蝦的鮮味的鮮，就是做得不到家的。

一隻去了殼的淡水蝦仁，長度大概一英寸，醃的梘水或蘇打食粉稍多或時間稍多，則蝦的鮮味全被破壞。而蝦仁本身的新鮮程度如何當然也大有關係。

就一碟清炒蝦仁來說，要做得好固要研究，僅明白其所以然還不夠，要是炒的技術不熟練，也不一定會做得到家。單在炒的時間來說，多兩秒少兩秒的效果就大有分別。

老饕們認為做得最標準的清炒蝦仁，是否也為美國所有的食客欣賞呢？這就難說。以中國食客來說，也不一定都認為做得好，如果吃做得好的清炒蝦仁的機會不多，甚至沒吃過做得好的，就沒法定出一個好壞的尺度：好在哪裏？又壞在哪裏？何況是西方食客。做的方面也是一樣。吃過好好壞壞的清炒蝦仁，才知道好壞在哪裏。

在美國的東部和中部，很多西方食客認為炒芽菜要炒到爛熟，而且有很多「糊水」（等於芡）才算做得好，又爽又脆又不見到「糊水」的炒芽菜，會認為廚師不懂得炒芽菜。此因他們在過去的年代吃的是爛熟而有些像糨糊的「糊水」的芽菜。這是跟中國的炒芽菜的標準不同。由於有了這種先入為主的原因，他們認為中國的標準是錯的，但這不能說西方食客不對，他們習慣了吃像菜根一樣的芽菜。

一九六四年，有三藩市「土紙」（稱土生華僑為「土紙」）到香港和台北去，這兩地親友先後請他吃過各式各樣的中國菜，回美以後，他告訴老拙說：「金山的中菜都比香港和台北的好。」對吃中菜或對中菜烹調有經驗的，認為這一位「土紙」的說法如何？

又有過這麼一回事：二十年前，英國倫敦某議員訪問香港，居停時間逾月，受到官方和士紳階級由食的到玩的各式各樣的招待，自不在話下。當這位議員還沒回倫敦時，已發現香港的中菜不比倫敦的中菜做得好，他寫信給他的朋友，一家菜館的「波士」說：「在港已吃過不少各式各樣的中菜了，還不及貴餐館的菜做得好。」這位餐館「波士」大概「合當交運」，自是福至心靈，把議員先生的信，用相架框之，掛在餐廳裏面，果然招徠不少新的食客，弄到餐廳和廚房不斷添聘人手。

「土紙」說港台的中菜不比三藩市的好，英國倫敦議員說香港的中菜不及倫敦的好，在他們來說，是對的。正如美國西岸不少滷水食物，舌根觸到的只有八角味，一開始吃滷水食物的味道便是八角味，習慣了就認為是正宗的滷水味道，至於吃不出八角味，還有草果、陳皮、花椒、丁香、玉桂、甘草等共八樣味料弄成和味的滷水，或會認為不是滷水的味道，因八角味不突出。在古老的中國，凡某一種香料味道突出的滷水就不夠標準，要做到吃不到突出的香料味道的所謂「和味」的領域，才是做得好的滷水。

在中國認為做得最合標準的菜，未必一定適合美國一般食客的口味習慣。山姆大叔認為最好的「窩燒鴨」，在香港和台北就不易找到食客了。「窩燒鴨」是美國中菜廚師為適應山姆大叔需要而做的菜，這可說是聰明的創造。

炒是高度的技術，作料、火候和芡之間有很多變化。所以要變，就涉及很多內在和外在的問題，比如作料的新、陳、老、嫩，就有很多不同的處理方法，醬油所含的蛋白質、鹽分、糖分若干，對味的效果也有影響。有若干廚師的刀鏟功夫熟練到像江湖上弄雜技的，已做了半輩子廚師，也不能擠進名廚之列，原因又在哪裏？

泛談 舊金山的食

一九七三年一月，因事滯留香港，《雅風》旅行雜誌主持人，以老拙為爛飲爛食之徒，僑居山姆大叔管治的地方多年，自然知道當地飲飲食食的事不少，囑為《雅風》爬格子，指定要寫舊金山的食而外，還有附帶條件：不能在港爬格子，要回到美國後把爬好的格子寄來。爛飲爛食如老拙，要爬舊金山的食的格子，不一定要回到美國去也可以爬的。大抵要貼上郵票，又有郵印才算是正式的「來路」爬格子？本文刊於一九七三年《雅風》四月號。今收在這集子裏，也像中醫處方的柴胡湯加減，同《雅風》刊的略有加減。

由於航空事業的發達，把世界版圖縮小，日飛千里已不算作一回事。養尊處優，享着兒孫福的耳順之年的人們，大動遊思的，在所多見。飛機便是近代的孫悟空，要到八千里外太平洋彼岸，電鈕世界的美國去，比由孫悟空孭在背上更方便而安全。

既然想飛到美國，則華人聚居最多的金山大埠唐人街自是免不了的旅遊地之一，然而一想到西來舊金山的吃，就會踟躕起來：牛扒麵包吃不慣，雜碎也沒興趣，究竟一日三餐吃些甚麼呢？

老拙是爛飲爛食的，對於吃，尤其百分百的「猜那民」式，如「菜乾蜜棗煲瘦肉」、「紅青白蘿蔔煲牛腩」、「大馬站」、「大豆芽炒肉鬆」、「麻婆豆腐」、「鯽魚豆腐湯」，季節性的「清蒸鮒魚」、「鮒魚腩豆腐煲」等，都是經常吃的家常菜。總而言之，或統而言之：金山大埠的食界，不是中國的食的文化沙漠。

實在説，舊金山不但不是中國的食的文化沙漠，而且隨時隨地還會發現「禮失求諸野」這回事。如：一九七一年八月，舊金山新僑發展中心主辦的華廚訓練班，第一屆學員結業之日，由數十學員做菜款待觀禮嘉賓的「全鴨席」，這原是中國職業廚師都會做的「古老排場」的菜，如今在香港或台北，就很少聽到有人吃「全鴨席」了，填鴨的一鴨三食、四食、五食與「全鴨席」不同。在外國吃「全鴨席」，算不算「禮失求諸野」的一例？

那天的「全鴨席」菜單是：蜜梨捧仙掌、杏汁鮮陳腎、明爐脆皮鴨、玫瑰金銀膶、彩雲繞寶鴨、五味芳香鴨、銀針穿鴨絲、鴨羹伊府麵。

「半齋席」

又如一九七二年五月三日，綽號「齋公」的香港「報林高手」，《星島日報》的總座周鼎先生伉儷偕其掌珠鉉姬小姐作世界遊，途經舊金山，其友好假唐人街之新杏香酒樓設半齋席為「齋公」伉儷暨女公子洗塵，並邀當地碩彥作陪，爛飲爛食之老拙也獲分一杯羹陪末席，既醉且飽以後，也順手牽羊地拿了桌上一張菜單，見到的菜式是：腿汁豆腐魚翅、煎金山鳳凰脯、蝦子筍尖魚唇、嬌萊蒜子乾貝、京烤長島大鴨、口外蘑菇豆腐、碧綠竹笙鮮掌、豉汁蒸海上鮮、蠔油薑葱燜麵、檀島椰子豆腐。

這一席所謂「半齋席」，也是名不符實，完全是葷菜，主人為表示對初一、十五食齋人尊敬，加些齋的氣息而已。濃鮮的腿汁（維珍尼亞州的火腿，雖比不上金華火腿，香和味都很好，與普通的火腿三文治的火腿大不相同）、魚翅加了嫩豆腐，更嫩滑可口。嬌萊是加州南部城市，盛產蒜頭，蒜肉比中國的大一倍，用來扣乾貝，色、味、香都比香港的好。其他的作料如非中國菜的上等作料，也是美國出名的產品，只缺唐人街宴會必有的「士的球」（即中式牛柳），則因主客一向「食不太牢」。可見主人的照顧周到。至於吃遍了香港好菜的齋公伉儷是否欣賞這一席菜，則不得而知。若干作陪客的僑領，則認為是金山大埠少見的一席好菜。後來還有老饕照上面菜單吃過多次。

食有魚的地方

從上面兩張菜單看來，可知舊金山並非西餐而外吃必雜碎的。有興趣「到此一遊」的，除了視覺、聽覺有新的接觸外，味覺的享受也應有盡有，且豐儉由人。即以香港的「漢堡牛扒」來說，舊金山叫做「謙卜架」（即 Hamburger，山姆大叔的日常食物）等於中國的牛肉餅，有二角九分錢一個的，也有一元二角九分錢的。在唐人街還有一盅兩件的早茶和油條白粥。就以唐人街來說，有四十多家各式各樣點麵的茶室和菜館，粵式牛腩麵、北方館的鍋貼、上海的排骨麵、家常菜的鹹魚蒸肉餅以至麻婆豆腐，精粗廉貴，幾無所不備。要遍嚐各種菜館做得好的食物，僅在舊金山住兩三天是不夠的。不過，東來遊客在舊金山沒有戚屬故舊的很少，有了戚屬故舊，多多少少明白八千里外西來親友的口味和習慣，即使沒時間替親友做「帶街」或東道，也會指導吃的好去處。

觀光目的為的是增廣見聞，尋風問俗，除視覺、聽覺有新的接觸外，味覺也該嚐新的：太平洋東岸沒有的，即使有，也不夠好的，如香港的美國生菜和芹菜（所謂「西芹雞柳」的西芹便是美國芹菜）列為上等作料，則金山大埠的生菜和芹菜都比香港的廉宜和新鮮。甚至香港人愛吃的金山橙的品種也甚多而價廉。加州是有名的牛郎世界，各處都是大大小小的牛場，故加州的牛肉起碼比香港的鮮嫩，食必太牢的，在金山大埠相信可獲得稱意的享受。

加州是美國的大州之一，是有山有海有湖有塘而又有四季氣候的地區，金山大埠是加州近海的門戶，鹹水的、淡水的、半鹹淡水的魚鮮應有盡有，非生長在近海地區的人們，認為上品的海鮮的各種石斑固有，如粵人稱為三鯠魚、季節性的鱸魚等魚鮮，甚至香港中環街市出了大紅標貼才賣的生劏龍躉也常有出現，龍躉翅近且晉級為奇貨。近年更常有游水鯇魚、鯉魚、鯽魚出售。故可以說，金山大埠也是食有魚的所在。

蝦、蟹、蠔都有新鮮的、活的，還有波士頓空運來的活龍蝦，且比香港龍蝦香而鮮。沒開殼的蠔也有，卻要到漁人碼頭去才有供應。每年的秋後和春前是吃蟹季節，唐人街賣魚鮮的，都賣活蟹，全是兩磅以上的公蟹，母蟹則欠奉。要吃「碧玉珊瑚」和「蟹王翅」，半島翠園的「蒸蟹王」一類的佳餚是沒有的，為的是沒有所謂「珊瑚蟹王」。

既有兩三磅重的「十月尖」，不會沒有「九月圓」的，為甚麼沒有稱為「珊瑚」的「蟹王」？母蟹是有的，但美國糧食部的政策似乎是孟夫子的「不患寡而患不均」的擁護者：禁捕生生不息的母蟹，不到季節不能捕蟹，也不能捕捉小的公蟹。於是到了吃蟹季節，上自總統與議員，下至掃街的與白領階級，同樣可靠收入購買活蟹而吃之。當然，要嚐大閘蟹的滋味是沒有的。

又如季節性的魚鮮和野味，可釣可獵而吃之，但也有數量的限制。比如釣鱸魚，每人不能多過五尾，一時吃不了這麼多，除了送人外，也不能公開出售。故單就吃的措施來說，美國好像實踐了孟夫子的「均」。

加州的農產品除供應全國外，更輸出國外，蔬菜種類之多，相信是世界第一。就中國菜常用的蔬菜來說，連上海小白菜、豬乸菜也有，除山姆大叔愛吃的蔬菜外，還有日本人、墨西哥和西班牙人吃的，林林總總，真不勝枚舉。在金山大埠，要每天嚐一樣蔬、一樣果，真是花一個月時間也難嚐遍。老拙雖愛吃爛吃，居美已多年，也沒嚐盡美國的蔬果，因還沒時間研究怎麼吃怎樣做。單是辣椒，就有二三十種形狀。

舊金山是山姆大叔管治的地方，也是中國人聚居最多的城市，說到吃，除了西方的林林總總外，關於中國人的，也有很多等級。東來遊客，如果沒興趣嚐新的，要吃習慣吃的，家鄉風味的，也應有盡有，問題是要摸到門路。就吃美式焗牛扒，唐人街也有好去處。

吃的口味習慣，人各不同，老拙不便推薦，總而言之，舊金山不是中國之食的文化沙漠。

發揚光大
食的文化

——《中華飲食》雜誌讀後感

陶鵬飛兄曉得老拙是個好濃茶烈酒，而又愛吃爛吃的人，賜我新出版的《中華飲食》雜誌。我一口氣把它讀完，恍若吃了時、色、香俱備的佳餚，「齒頰為芬」！

西人説我們是吃的民族，但吃的民族不僅沒有一本專門講吃的雜誌，學術門牆也把吃的大學問摒諸門外。而中土文化在「自由世界」被「復興」，被「弘揚」，並且「落地生根」的，對國計民生有極大益處的，並不是宋瓷唐畫，而是食的文化的遺產。惜乎以「復興」和「弘揚」中國文化為己任的人，計不及此。最低限度，在有關「復興」和「弘揚」方面，老拙所見到的文字或刊物，很少提到吃的文化，專講到吃的還沒見到聽過。當然可以説：某些大專學院的家政系是有烹飪一科的。但，那是訓練未來主婦做菜，並沒把吃的問題視作一種學問予以研究。正如台北的或香港的烹飪教授和專家，不過訓練幾個廚師輸出外國而已。即以輸出的廚師來説，對做菜之道，知其然而不知其所以然的不少，這不是廚師學得不好，而是學術門牆不把吃視做一門學問，認為不必「弘揚」，和「復興」的文化；於是廚師想多學一些刀鏟爐鑊以外的知識，也討教無由。舉一個例說：一九六八年，紐約鬧得滿城風雨，幾乎對於中國菜館事業予嚴重打擊的所謂「中餐症」，問題便由用味精分量所引起，癥結所在，是廚師對味的處理知其然而不知其所以然。假如吃的大學問早已列入學術門牆以內，從事這門事業的人，都有知其所以然的機會，則「中餐症」這回事，不一定會發生。

《中華飲食》雜誌出版的動機、看法、理想、目標都是對的，因此不少文林高手也拔筆列陣。很久沒啖過「嶺南荔枝」的嶺南人，文林高手梁寒老均默先生說：「因為我認為這種記述和保存與發揚中華民族飲食文明，不無小補的。」於是他以極慎重的態度，寫了一萬二千多字的《嶺南飲食的欣賞》，讓嶺南人和非嶺南人對嶺南飲食有所認識。

有了文林高手肯拔筆列陣，吃的民族史上新頁的飲食雜誌的內容，真弄得「琳琅滿目，美不勝收」。

台駕或連輿對吃之道有興趣的，固可一看這本雜誌，靠中土食的文化，在五湖四海混升斗的，更可從這本包羅萬有的雜誌裏面，按圖索驥，參悟若干做好菜和推陳出新所以然的道理。

中菜烹調不僅是一項複雜的技術，同時也是科學的、藝術的。發揚光大吃的民族的吃的文化，豈只對健康有益和增進「飲食的藝術」，於國計民生的好處也不少。

以北美洲來說：中菜館超過一萬家，靠中土食的文化遺產養活的黃帝子孫，直接間接總有數十萬。若干成功的學者與專家，在美洲求學時期，靠在中菜館出賣技術和勞力換取學雜費的就多得很。有些學者專家甚至以曾在菜館做過「企台」和洗碗，認為是值得驕傲的一回事。

對民生有如此巨大貢獻的食的文化遺產，不被列入學術門牆以內，予以「弘揚」和「復興」，使熱愛中土的人士，不無「匪夷所思」之感。

然而我們自己不「弘揚」和「復興」吃的文化，卻也有人早已「代庖」。我們的「芳鄰」把中土食的文化遺產列入學術門牆以內，具體而實際地「弘揚」和「復興」有年，因而對「國計」也獲致了良好的收穫。

我們的「芳鄰」沒有輸出烹調中菜的廚師，卻大量輸出中土食物，如林林總總的調味品、菜餚半製成品等，更難能可貴的是，很多原料並非土生土長而是來自別的地方。戰敗國家「代庖」了「復興」和「弘揚」吃的民族的吃的文化。即以美國來說，「中國食品類」的輸入數字，最大的還是來自我們的「芳鄰」。

在美國，到任何一家中菜館的廚房參觀，常會發現戴白帽，穿白圍身的廚師翻動刀鑊的同時，也給我們的「芳鄰」翻進了若干外匯。

甘乃迪總統時代的駐外使節，要學所在國的語言。現在是福特總統的時代，駐外使節的行囊，還多了一具算盤。基辛格博士的外交戲法，除借用了一些鬼谷子的道具外，據說公文袋裏還有大豆和小麥等糧食資料，認為這與「國計」有關。

美國的種大豆的祖宗，大概是一九三二年的中國東北移民，如今，東北「大豆移民」移來美國還不到半個世紀，就給「科技王國」的美國加上一頂「大豆王冠」。如果美國不把「大豆移民」拖進學術門牆裏面予以研究，相信不一定可獲得「王冠」的榮譽。

《中華飲食》雜誌的出版，可以說是「弘揚」和「復興」中土食的文化的「強心劑」，如不久的將來能把理想和目標更擴大，不難會形成「中菜無落日」、「中華食品無落日」的局面。

動的食物工廠①

中華文化在這一個世紀對西方世界影響最廣泛，甚至落地生根的，莫過於食的文化。僅美國來說，只三四萬人的城市，就有一二家中菜館。究竟美國有多少中菜館，還未見到確實的數字。在第二次大戰前，有唐人街的地區就有中菜館，現在連沒有唐人街的城市，如亞利桑那州的小城市也有中菜館。所以說，中華文化在海外影響最廣泛而落地生根的是食的文化。住居在美國的中國人，更清楚中華食的文化遺產養活了若干黃帝子孫。可惜這樣博大精深的食的文化，還沒把它列入學術門牆以內，有系統地「復興」與「弘揚」。直到如今，還未見到大專學府有烹飪系的設立。倒是加州一角的三藩市，還有真真實實，學可致用的華廚訓練班，經過訓練的學員，百分之九十五已成為動的食物工廠的中流砥柱。第九屆學員明又畢業了，可見動的食物工廠又將增加朝氣蓬勃的一批生力軍。

華廚班成立於一九七一年，孕育則始自一九六五年。當時各地中菜館之開設有如風起雲湧，廚師求過於供。現為華廚訓練班主任梁祥先生，當年雖在菜館主理廚政，如假包換的忙人，有感於中華食的文化既普受西方世界歡迎，理宜積極予以「弘揚」，而因年齡及語言限制的新移民，不易在美國的工業社會找到適當的工作，若能從中華食的方面發展，未必不可獲致安定的生活，於是決心在忙中偷閒，計劃籌組華廚訓練班，惜因各種限制，致未能實現。

今華廚班第九屆學員又告畢業了，過去八屆學員所學的，都能「致用」，成績且十分優異，此雖非梁祥先生個人之功，惟苟無此「密打密貼」做事又有少說空話的精神，從事「弘揚」中華食的文化事業如梁先生者，則三藩市有無太平洋兩岸第一間較為完備的中廚訓練機構，成績又如是優異，值得懷疑。三藩市之華廚班，固是中華文化遺留的恩澤，也是三藩市之光。

梁祥先生近嘗語老拙：物價不斷高漲，工價不斷提高，業菜館者愈來愈感到吃力，中菜製作不僅要推陳出新，還須從成本、技術等各方面改革，才有更大發展。梁先生所言，並非杞人之語，作料成本與工資提高，確不斷予業餐館者相當威脅，惟茲事體大，非梁先生或華廚班同學所能為力。假如中菜業背後，有一個像美國農業部轄下的研究農業的，並且由種子、土壤以至各方面具體而實際地勸助經營農業的機構，勸助中菜業者和廚師，則技術與成本各方面的改革，才容易獲致良好的效果。

現今美國中菜館的頭廚，花在事務方面（如主持炒鑊等）的精力多過政務方面，不易抽出研究改革的時間。

① 本文為一九七四年六月廿二日華廚第九屆學員畢業有感而作。

中菜固有其先天的優越條件，否則不能在海外落地生根，但中華食的文化要「弘揚」，卻要把它列入學術門牆裏面。時代已非大清，「三刀」之一的菜刀事業，也該列入「廟堂」的，何況還能養活若干黃帝子孫。

講食集

貳：講古講食

張大千的宴客與掃堂腿

藝海高人張大千先生相識遍天下，近年雖住在距三藩市約二百里的嘉迷爾風景區，仍有點像「富在深山有遠親」一樣，門庭常見車水馬龍之盛，請客這回事，等於家常便飯，無日無之。其實富可敵國的大千先生，有時也是「窮無立錐」的。請客也是一樣，有繁有簡。簡的是友好光臨剛好在吃飯的時候，就多加一雙筷子，友好坐下便吃，雖是家常便飯，量與質也十分講究，比諸若干先發帖後請客的所謂「盛宴」已好出若干倍，且常有美國沒見過的好吃的菜。

大千先生的刀鏟功夫也像筆墨功夫一樣，馳名遐邇，被譽為超級食家。繁的請客，不僅是繁，還須加上麻煩的煩。約好了吃的日期，在三天前便發號施令，先選妥了菜單，闔府動員。張夫人就穿起圍身主理廚政，浸魚翅，發鮑魚，一醬一蔬之微，也費過一番心思選擇與調配。到請客的一天，兒媳便是美國起碼一元二角半一小時工錢的「企枱」，對客人恭謹周到，尤使遠離鄉邦的賓客懷想故國的舊家風。

古人有句話：「一代長者，方知居處；三代富貴，方知飲食。」在美國，山姆大叔或若干中國人聽來會感到莫名其妙的。

電鈕世界的美國，有了錢便可獲致一切享受。有些中國人的想法是：「有錢可使鬼推磨。」若干西方人視中國哲學是玄學。「三代富貴，方知飲食」更是玄之又玄的話了。

窮措大謀升斗已不易，談不上研究飲食藝術，有錢的人也不一定有時間和肯花錢在飲食方面講究，暴發戶更不一定懂得飲食也有藝術這回事。把飲食藝術的範圍縮到最小來說吧，比如美國中菜館幾乎都賣的「盆頭」，從前上海叫做「中式牛柳」，美國華僑稱之為「士的球」，如到中菜館吃過菜的，沒吃過「士的球」的很少，即以加州一州來說，哪一家菜館的「士的球」做得最好，並且要說出好在哪裏的道理，就非花很多時間和錢吃過很多菜館的「士的球」是很難說出哪一家菜館的「士的球」做得好和好在甚麼地方。古人說的「三代富貴，方知飲食」，簡單地說便是祖父既富又貴，有錢又有閒，又有機會和時間吃過各種好好壞壞的菜餚，累積了若干年吃的經驗，加上對飲食有研究的興趣，父親一代有錢也講究吃，到了第三代「方知飲食」。

十多年前，柳存仁博士說過一個食的故事：巴黎有一家做牛扒出名的菜館，有一天來了一位山姆大叔的食客，吃價錢最貴的牛扒。當穿了紅制服的侍役把熱烘烘的牛扒端到山姆大叔食桌後，這位山姆大叔眉開眼笑，動手依照他自己的習慣，把鹽和古月粉放在牛扒上面，正拿刀叉切牛扒，侍役毫不客氣地跑來把手放在這位山姆大叔的衣領上，將山姆大叔拉離座位，且一直拉到門口，才對這位顧客說：「你沒嚐過我們的牛扒前，把鹽和古月粉放在牛扒上面，對我們餐館極不禮貌，也侮辱了我們的廚師。」山姆大叔還想抗辯，這位孔武有力的侍役更不客氣地讓山姆大叔一嚐掃堂腿的滋味。

吃牛扒先放鹽和古月粉是山姆大叔普遍的習慣。這位山姆大叔大概不曉得法國是西方最講究飲食藝術的國家，高級餐館的牛扒是調好味道才拿出來，食客嚐過以後才加鹽是可以的，還不知道牛扒有沒有味和夠不夠味就加鹽，也難怪侍役請他吃掃堂腿。假如這位山姆大叔的祖父或父親曾經帶他遊過法國，也吃過法國最好的牛扒，曉得在法國吃高級牛扒，嚐過之前不能加鹽，就不會有吃掃堂腿這回事了。

這個故事雖還不能說明「三代富貴，方知飲食」的義理，然而也可推想懂得調和鼎鼐並非簡單的一回事。

大千先生不僅是藝林高手，也是廚林高手、海內外知名的食家，雖不開飯館，當廚師，卻有不少名廚出其門下，可知大千先生的刀鑊功夫造詣之深。

一九七一年六月，大千先生因目疾小施手術後，仍在休養中，吃素而不能吃葷，一切應酬婉卻，竟有請客的興致，於廿七日「命家人治具」，召老拙半家及陶、夏、侯諸公伉儷，在嘉迷爾的「可以居」私邸「盡半日之歡」。

出名食家請客，是怎樣請的？吃的又是甚麼？又怎麼吃？也許是對食藝有興趣和有錢請客者想知道的。謹就所見所知寫在下面：

大千先生請客，最突出的一宗事是桌上不設調味架或盛調味品的味碟，等於告訴客人：

放心吃好了，不必擔心味不夠或不好。

主人雖暫不能吃葷，卻是一個最健談的人，好的菜予人的是視覺、嗅覺、味覺的好享受，大千先生請客，還有聽覺上的享受。他把吃的見聞、經驗隨意道來。娓娓動聽，於是食客連與吃無關的聽覺也感到舒服。

談到當年在他的故鄉四川，光顧「姑姑筵」的食客，在老闆黃靜寧前絕不敢恭維黃老闆的菜做得好，為的是黃老闆會反問：「好在哪裏？」，要是答不出，或答不對，他就不高興，雖不致把顧客罵一頓，也不希望這位顧客再來光顧。其實很多懂得弄刀鏟的，也不一定懂得做菜的好好壞壞的所以然，何況顧客？不過，顧客要是能說出好在哪裏，壞在哪裏的道理，這位四川食家兼名廚又會跟你談上半天，甚至他自己做東道再請你吃菜。

嘉迷爾「可以居」的食客是奉主人之召而來吃的，雖與當年的「姑姑筵」不同，因主人說過黃靜寧的故事，吃了「可以居」六個菜的賓客，沒人敢道一個好字，怕的就是「可以居」主人抄襲他的同鄉黃靜寧的一句話：「好在哪裏？」答不出，答不對，自討沒趣。後來還是這位藝海高人風趣，聲言不會提出「好在哪裏」，於是健談的陶、侯諸公獲得解放，也就放言高論起來。叨陪末席的老拙，帶着嘴巴闖蕩江湖，雖吃過林林總總千奇百怪的東西，也學人在紙上弄刀鏟，至於「臨牀」卻是南郭先生，自然也不敢在「餚饌名當世」的四川超級食家前胡談亂道。

那天在「可以居」吃的菜是：

相邀、水爆烏鰂、宮保雞丁、口蘑乳餅、乾燒鰉翅、酒蒸鴨、葱燒烏參、錦城四喜、素會、水鋪牛肉、蜜脯、西瓜盅。

十二道菜，用碟盛的，都是約二呎直徑的大碟，僅一碟「乾燒鰉翅」的量來說，在唐人街菜館要吃同量的「乾燒鰉翅」，非百二至百五美元莫辦，做得怎樣，那是另一回事。其中有好幾個菜是前所未嚐，如第一個「相邀」，菜名雅典極了，原來是湯菜，近乎廣東的「山海會」或雜燴湯。做法則大不同。「相邀」集飛、潛、動、植於一窩，弄得不膩而湯味清鮮，色的調配也很講究，湯菜弄成一幅圖案畫樣，不是簡單的事。就作料處理來說，就得花半天工夫，如其中的雞翼，去骨再釀火腿，就非一二十分鐘所能完成，這個「相邀」想來要花半天工夫。另一個用又腥又臊的美國雞做「宮保雞丁」，弄得沒腥沒臊，味鮮肉嫩而有香味，目前在港台也不易吃到這種「宮保雞丁」，在美國來說，只有「可以居」一家了。「口蘑乳餅」是「口蘑豆腐」，口蘑固是地道的又香又有肉鮮味的口外蘑菇，豆腐弄成圓餅，有豆香而嫩滑，也前未之嚐。「乾燒鰉翅」是二磅一隻大的鈎翅，二呎直徑圓碟的乾燒翅起碼要五磅的乾翅方可做成十四人每人吃兩碗的乾燒翅，就以這碟魚翅而論，由浸發以至去沙、去皮和煨翅就得花上三天工夫。「錦城四喜」等於江南人的「獅子頭」，是張夫人的名菜之一，老拙垂涎已久，今得償所願，自是用防空哨雷達一樣的觸覺欣賞這個飲譽中外食壇的佳餚。「獅子頭」的主要用料是豬肉，在美國人來說，四川的「錦城四喜」或江淮一帶的「獅子頭」與美國的「漢堡包」差不多，但美國牛肉做的「漢堡包」要經過咀嚼才可吞下肚裏的，張夫人的「錦城四喜」好像是豆腐一樣，舌頭與味覺所感到的是軟滑如棉，又鮮又香而不膩，的確是名不虛傳的佳餚。「素會」是蔬菜，也弄得色、香、味、時俱佳。「水鋪牛肉」又嫩又鮮。「蜜脯」等同江南的「冰糖火腿」。「西瓜盅」是熱的甜菜，卻有濃厚的西瓜味。

請客的事，全世界沒有一個角落沒有。在美國，一個「漢堡包」，一罐在冰箱拿出來的有化學香料味的汽水，在唐人街飯館吃二元七毫半的和菜，以至「一食萬錢」的都有。像大千先生的請客，菜式和作料的選擇，每一道菜的色、香、味、時的調配都費過一番心思，還闔府動員多天，少爺小姐招待客人的畢恭畢敬，尤使人懷想故國的舊家風。

中法名菜

「大馬站」與「洋葱湯」

「洋葱湯」原是法國耕田佬的日常食物，大概在路易十六年代的前後，過着豪華奢侈而荒淫生活的法國高層社會的男士，儘管擁有物質財富和足使佳麗傾慕的外表，容易獲得佳麗青睞，當他欲把愛情獻出的時候，往往所得到的評價是「金玉其外，敗絮其中」，為使佳麗心悅誠服，不得不尋求「進補」之方，希望能把「敗絮」變成「金玉」。不曉得哪一位貴族，羨慕健康而紮實的農夫，再研究一下他們獲致健康而紮實的食物，原來經常吃的，不過是「洋葱湯」，再經醫學家和營養學家研究其營養成分，才發現農夫們所以精壯紮實，可能是洋葱湯的功勞。於是豪門和貴族也吃起「洋葱湯」來。

法國農人吃的「洋葱湯」材料不過是二吋以下的，甚至連筋帶骨的牛肉，加上洋葱的副作料，用大鍋加水熬到夠火候。農人在農田裏工作到飢餓的時候，就吃一湯碟有肉又有湯的「洋葱湯」，啃一件麵包，就算吃了一頓。這種吃法像上海人吃「醃燉鮮」，廣東人吃「蘿蔔煲牛腩」一樣，牙齒也得大力勞動。

貴族和豪門認為「洋葱湯」進補而又可口，後來就把原來不登大雅之堂的「洋葱湯」作為高級宴會的湯菜。當然，今日的「洋葱湯」同原始的有些不同，但「洋葱湯」就如是這般地成為法國名菜。早期留學法國的黃學禮先生對「洋葱湯」的故事知道得最清楚。

在香港所有賣法國菜的菜館裏，與賣英、美菜的菜館的菜牌，幾乎都有「洋葱湯」。

古今中外的名菜，在沒成為名菜以前，不少是「街頭有得擺，街尾有得賣」的食物。

廣州名菜的「大馬站」，不過是廣州近郊大排檔冬令的菜餚，吃「大馬站」的顧客，幾乎是每日必經過「大馬站」的抬轎佬和推獨輪車的車夫。

「大馬站」原始的菜名是「鹹蝦燒腩煮豆腐韭菜」。抬轎佬和獨輪車夫常吃的菜看成為名菜，賣粵菜的大酒家和大菜館為甚麼又不賣「大馬站」？可能是「大馬站」的材料太廉，不能賣高價。其實「大馬站」做得好的，比若干的所謂名菜更味美可口。

廣州名菜的「大馬站」，材料是豆腐、燒腩和韭菜，做法是用薑、蒜、油稍爆過鹹蝦或蝦醬，加入豆腐、燒腩及少許水，慢火煮至蝦醬的香鮮味和燒腩的甘味滲入豆腐裏面後，加韭菜弄至半熟即是。

「大馬站」不僅是廣州轎夫、馬夫、車夫愛吃的菜，其實也是盛產鹹蝦的台山、中山等地方人們的家常食品之一。地道的廣州人卻不一定都愛吃鹹蝦為主味的菜餚，因為曝曬得不好的鹹蝦有臭味，做得不好也有很大的腥味。蝦膏也好，蝦醬也好，不過是再磨幼的，經過醃製發酵的毛蝦做成。這種以鹹蝦為主味的菜，為甚麼又會叫做「大馬站」？故事是這樣的：

清末張之洞任兩廣總督時，一日出巡，經過交通要衝的「大馬站」，嗅到路邊大排檔冒出撲鼻的鹹蝦香味。張之洞是南皮人，也是當時很出名的老饕，從沒吃過這樣香氣撲鼻的菜，但貴為總督，未便下轎在大排檔進食，因命隨從到大牌檔問問濃香撲鼻的是甚麼菜。南皮人的張之洞的近身隨從，自然不會是廣府人，會不會說廣州話，說故事的沒有交代，但這位隨從詢問大排檔香氣很濃的是甚麼菜，獲得的結果卻是「大馬站」。自然是被問的聽不懂外江話，以為問這裏是甚麼地方。

第二天，這位總督就想吃「大馬站」，但大師傅從沒吃過「大馬站」，更不曉得「大馬站」用甚麼材料，怎樣烹調，當然做不出，總督有沒有罵大師傅不會做「大馬站」則不知，總督府裏的隨從都知道總督愛吃「大馬站」而大師傅弄不出來。倒是一名頭腦冷靜的文案（等如秘書），找着總督的隨從，詳詢總督前一天出巡的經過，才弄清楚總督愛吃「大馬站」的由來，着隨從同大師傅到「大馬站」去看看，也吃過香氣撲鼻的「大馬站」，回到總督府以後，大師傅也依樣葫蘆地弄出「大馬站」。抬轎佬和獨輪車夫、馬夫常吃的「鹹蝦燒腩煮豆腐韮菜」，因獲得總督欣賞，不旋踵就成為名菜，且名之為「大馬站」。

「大馬站」的材料廉宜，烹製也很簡單，如要做得好，第一要選購曝曬得好的鹹蝦或蝦醬，第二是烹調的方法和火候恰當。

發酵好的鹹蝦，曝曬的時間不夠，或在霉雨季節曝曬，太陽露臉的時間不多，則這些鹹蝦變壞了，就有臭味，也失去若干鮮味，用這種鹹蝦做「大馬站」，就很難有撲鼻的香氣。香港也是產鹹蝦的地方，如果買到曝曬時間不夠的，就無法做又香又鮮的「大馬站」。香與臭之間的分野並不太大，有些鹹蝦或蝦醬，雖有香氣，但香中也有些臭味。「大馬站」雖是名菜，也非廣府人都愛吃的，就因吃過香中帶臭的鹹蝦，這當然與個人的味覺感受和習慣也有關係。如廣東人認為天下的美味的霉香鹹魚，也有雲、貴人士觸到這些味道，就有嘔吐的醞釀。

怎樣才可買到不會香中帶臭的鹹蝦或蝦醬？第一要嗅覺有過香中帶臭的經驗，為香為臭也分不出，就難辨好壞。其次必需取一些用油爆過，才知道香或臭，或香中帶臭。若干鹹蝦或蝦醬中，來自馬來的，經常有香的水準，這非馬來的製作特殊，而是熱帶的太陽夠多夠烈，容易曬好鹹蝦。

「大馬站」雖然是名菜，粵式的酒樓菜館的菜單，尤其自詡為大酒家的幾乎全不寫「大馬站」。主因之一，就老拙推想是「大馬站」的材料廉宜，不能賣高價，利潤少的菜就不大願賣。正如季節性的海鮮不願賣，也因為利潤少。其實季節性的海鮮，如夠新鮮的話，像江南人叫做鮹魚的三鯠，夠新鮮的肉和味，就比生猛石斑好得多了。

大酒樓、大菜館做「大馬站」做得好的也不多，酒樓做這種菜多用炒鑊急火，把蝦醬一爆即焦，焦的蝦醬就少香味和鮮味，即使不焦，用急火煮豆腐，則蝦醬的鮮香味就不夠時間滲進豆腐裏面，則鮮、香、甘的效果當然不好！

有撲鼻的香氣，吃來又香又鮮又甘的「大馬站」，最好的做法是用瓦缽或瓦罐，放在爐上慢火滾透。

先用少許薑片和蒜蓉、適量生油同時放人瓦罐，讓生油把薑片炸至微黃，則油裏面已有薑和蒜味，如果先讓生油燒紅然後下薑蒜，則高熱的生油馬上把薑蒜炸焦，油裏就少有薑蒜味。「大馬站」所以用薑，是去腥，用蒜，是增加香氣。

油的熱力超過二百度，也會把蝦醬炸焦，一定要等炸過薑蒜的滾油熱力減低到約一百度以下，才可放人蝦醬，慢火爆三分鐘，然後加入作料滾熱，翻勻後再慢滾十分鐘，水分變了汁，加入韭菜撈勻，韭菜熟至半病狀態為度。

「大馬站」為甚麼不用豬肉而用燒腩？用豬肉就少香味而沒甘味。燒腩是經過醃製然後燒的，原是甘香的食物，再和蝦醬的香、鮮味道合流，就成為極具誘惑味覺的味道，嗅到它的香味就刺激了食慾。

愛吃豆腐更香一些，先把豆腐一面煎至微黃亦可。

廚藝精的師傅，弄一小碟用來蘸食物的蝦醬，只把有薑蒜味的滾油少許傾人已盛有蝦醬的小碟裏。為甚不把蝦醬放人鑊裏爆呢？為的是避免蝦醬過焦而減少香鮮味。

「大馬站」是屬於濃膩的菜餚，雖然極富蛋白質，加上半病的韭菜吃了尤多益處，但非宜於夏天吃的菜。

「南方之蠻」的蛇羹

中國人吃蛇，自古已然，於清為烈，民國以後更變本加厲，「南方之蠻」的多妻主義者一到秋冬之季，視三蛇為仇敵，生吞其膽汁，復吃其皮肉，為的是一個「補」字。

一九七〇年夏天，中華聯誼會「巨公」之一陶鵬飛先生在私邸宴客，陶先生自任頭廚，主持炒鑊，忙得不亦樂乎，他的太座也身兼數職：帶位、企枱、洗盆碗。一九七一年初夏，陶公又在私邸宴客，頭廚仍是不戴白帽，不穿圍裙的陶先生，此外還有一個會做好菜的幫廚——「結緣軒主」卞伯岐醫生。要是不發財，焉可添僱工錢很高的夥計——尤其是做菜出名的「幫廚」。如果陶公館是一家飯館，必已發財無疑。

陶先生的「葱爆羊肉」使人吃得津津有味，確有北方的鄉土氣息。同時在陶公館拿到脱期多月的第十四期聯誼會通訊，翻開卅六頁，看見程國強先生的《送張豪兄歸國》，初以為不過是依依難捨一類送別文章，細看之下，原來不是這麼一回事，雖然通訊脱期，但仍使人感到有熱烘烘的「鑊氣」，同色、味、香、時俱佳的菜一樣，一吃再吃仍津津有味。

再吃陶先生的好菜，免不了有下文——還稿債。不曉得陶先生受了甚麼感觸，竟想到我們「南蠻」愛吃的「龍鳳會」。他説，相信聯誼會員很多沒吃過蛇羹，讓他們曉得蛇羹怎樣做和怎樣吃，也是很有趣的事。香氣誘人的「葱爆羊肉」還沒吃個夠，為了不想難為貪饞的嘴巴，不得不簽城下之盟。爬格子雖不必簽甚麼約，也不能不唱個諾：替中聯通訊爬蛇羹的格子。假如美西有吃蛇的去處，則這位牛高馬大的北方「老兄」陶公，也許會冒險一嚐「三蛇龍鳳會」的味道。

古時已有人吃蛇

中國人吃蛇，由來已久，成為席上珍饈，似乎到清末才開始。早在唐代，蛇膽已是藥物，產蛇的地方，蛇膽便是獻給皇帝的貢品。宋代已有人吃蛇肉。至於中國人第一個吃蛇的是誰，中聯會不少歷史學家，最好請他們考證。

大荒在中國史上不少，到樹皮草根也作為食物的時候，人肉也吃，何況蛇肉。

風水先生説，人有運，地也有運，則其他動物也該有運的。馬來亞有間蛇廟，裏面有很多的不同種類的蛇，有人供奉侍候的，這些蛇真是養尊處優，一輩子過着寧靜的生活，永不擔憂有一天招來殺身之禍，這是命也，運也。但兩廣的三蛇——飯鏟頭、金腳帶和過樹榕——到了清末就流年不利，遭遇到空前未有的大劫了，「南蠻」就是牠們的最大剋星。金腳帶等三蛇，一遇到被稱為「蛇王」的「南蠻」就大難臨頭，魂歸花果山。至於魂歸花果山以後有無向孫悟空哭訴牠們的悲慘遭遇，先被割膽，繼而被剝皮，最後還被分屍，骨用作熬湯，肉則弄成絲，再以美味的骨湯和蛇絲弄成「蛇羹」，祭「南蠻」五臟之廟，就非凡人所知了。

蛇膽在古時已是藥物，自然會有捕蛇人，也代有「蛇王」出。蛇皮，成為飾物或其他用品也有很久遠的歷史，蛇肉當然也可作食物，尤其在大荒年代，要找一條蛇孫吃也許不易。故中國人吃蛇，古已有之，而非始自「南蠻」。然而把蛇弄成各種佳餚，成為席上珍品，該是「南蠻」的「偉大成就」了。

把人人遠而敬之的毒蛇弄成佳饌，就老拙所知，還是清末廣州一些搞洋務的和買辦階級，特別是有錢又有閒的一羣和江太史（孔殷）之流的食家弄出來。直到民國以後，一到秋天廣州和香港出名的菜館的冬令補品中的蛇羹，仍以「太史蛇羹」作號召。可見當年的「太史蛇羹」確是膾炙人口的佳餚。

蛇膽既是藥物，用蛇膽浸酒也是有益的飲品，用蛇膽和廣東三寶之一的陳皮製成的「蛇膽陳皮」也成為廣東人常備的家庭良藥。廣東人對蛇有這樣多的需求，滿足這些需求的地方，也應運而生，有秋天專賣蛇羹的菜館，也有專賣「蛇膽陳皮」的藥肆和專賣蛇酒的酒莊。

廣東以外的菜館，吃魚翅的是上等宴席，在廣州和香港的廣東菜館，秋後的菜饌弄一窩蛇羹比弄魚翅更受食客歡迎，則蛇羹在廣東菜的地位如何，可以推想了。

為娛妻妾而吃蛇

「南蠻」所以愛吃蛇，其實是為了發揚兼愛主義。在多妻主義的時代，腦滿腸肥的士大夫和買辦階級，要讓姬妾在閨內都獲得同等的愛情樂趣，在沒有維他命丸和荷爾蒙丸發明以前，不得不求助其他藥物，更進一步認識到「寓食於醫」的道理，藉吃獲致在閨房之內，征服妻妾而稱王稱帝。「三蛇龍鳳會」（蛇與雞作主要作料）、「五蛇龍虎鳳會」（蛇、雞與果貍為主要作料）就是清末有錢復有閒的多妻主義者搞出來的名菜。

「南蠻」地方屬亞熱帶，一到盛夏，酷熱難耐，健康很易受到損害，踏入秋收冬藏的季節，「南蠻」就多吃補的食物，用以填補身體上在酷熱季節的消耗，尤其是「滋陰補腎」的食物。蛇羹一類菜饌便是秋後春前最好的補品。

蛇雖為「南蠻」多妻主義者的仇敵，也非凡蛇皆吃。蛇羹所以稱為「三蛇龍鳳會」，是指黃頷蛇科的過樹榕，眼鏡蛇科的飯鏟頭和金腳帶。要是吃「五蛇龍虎鳳會」，還加上白花蛇和三索線。

吃蛇的「南蠻」為甚麼一吃就起碼吃三蛇？據說是根據「以形補形」的傳統醫理。過樹榕是向上性的蛇，無足能在樹上爬行如飛；飯鏟頭在發怒時昂首張舌，前身半節豎立，腰力最強，屬向中性的蛇；金腳帶花紋甚美，又稱之為女人蛇，節黃節黑，習性溫靜，更愛藏首體內，恍如羞羞答答的春閨少女，屬向下性的蛇；吃了上、中、下三性的蛇膽和肉，則人身上、中、下三部都受到很好的滋補，於是「秋風起矣，三蛇肥矣」的時候，很多蛇膽和蛇肉就成為「南蠻」五臟廟的上等祭品。吃了蛇膽、蛇羹以後，多妻主義者是否可在閨內稱王稱霸，就非老拙能明白了。不過，蛇羹是放在小火爐上，邊滾邊吃的，吃蛇羹時手腳增加了暖氣，其實對着火爐吃也有關係，正如吃涮羊肉也一樣手腳皆暖。

所以要熱吃，因蛇的臊味很大，吃時還加進少許檸檬葉絲，作用便是中和了蛇的臊味。

江太史的蛇羹之所以負盛名，就老拙所知，無論是三蛇或五蛇羹，是用去皮三蛇或五蛇加上竹蔗、陳皮、薑熬湯，在熬湯之前還經過「出水」的手續（水裏還加入約二十粒白豆，「出水」後水裏的白豆如不變色，就是沒有毒的蛇）。大多數的蛇羹就是將熬過湯的蛇拆肉燴成蛇羹，江太史則不用熬湯的蛇肉，用沒有熬過湯的叫做水律的蛇絲和雞絲、水鴨絲或果狸絲及花膠絲、北菇絲、冬筍絲、木耳絲等副作料同燴成蛇羹，故「太史蛇羹」比用熬過湯的蛇肉做的嫩滑得多，湯味也極清鮮而不膩。

全蛇宴席

「太史蛇羹」、「三蛇龍鳳會」、「五蛇龍虎鳳會」外，還有「全蛇宴席」。

全蛇席的主要作料是蛇，如：龍王夜宴（蛇絲燕窩羹）、龍吟虎嘯（果子貍燉蛇）、龍鳳朝陽（蛇絲炒蛋）、龍繞百花（蛇肉釀蛇皮）、龍鳳呈祥（三蛇燉雞）、金龍抱月（用原條蛇肉捲着白鴿或水鴨）、金龍啓瑞（用滋補藥物燉三蛇）、鳳睡龍牀（蛇絲、雞絲、魚翅做成的大菜）、寶蓋龍袍（蛇加副作料做的熱葷）、烏龍吐珠（炸蛇丸，也是熱葷）、玉龍戲彩鳳（加副作料的炒蛇絲）、彩鳳戲金龍（蛇的紅燒做法）、龍鳳弄牙牀（小芽菜雞絲炒蛇絲）、龍飛鳳舞譜（蛇和其他作料扒的做法）。

蛇全席必喝蛇膽酒

吃蛇羹也好，吃蛇全席也好，在未吃之前，先由劏蛇者用布袋裝着多組活蛇（金腳帶、過樹榕、飯鏟頭三種蛇為一組），在食桌前的地上把蛇拿出來，一條又一條，在蛇腹部分割出蛇膽，不見到一滴血，仍是一條活蛇，放在另一個布袋裏，這些無膽蛇就是「三蛇龍鳳會」的作料。割取蛇膽也是一種專門技術，用腳踏住蛇的一部分，另一部分用左手拉着，右手摸中蛇膽部分，隨後小刀在蛇皮上一割，即用手指挖出蛇膽，一如經驗豐富的外科醫生施手術。這類劏割蛇膽的專家，一般稱之為「蛇王」。

「南蠻」吃蛇膽，一吃就一組——三個蛇膽汁，一桌蛇宴的蛇膽，由六組至十組，如果是六組的話，則割出的十八個蛇膽，用刀尖弄破，連膽囊一起放在一隻大杯或酒樽裏，加上米酒，用銀具或象牙筷子和勻，由主人平均倒在客人的杯上。這是吃蛇的主題。一桌蛇全席，為豐為儉，第一看蛇膽多少，其次是烹蛇的副作料。十人一席的高級蛇宴，每人吃一組的蛇膽酒，以近年的物價來說，用不到一千美元也要花九百美元了（根據一九七一年香港高級「南蠻」一菜每席三千元港幣推算。一組廣東或廣西的三蛇席八十至一百港元，越南蛇則較廉宜）。

喝蛇膽酒，吃蛇羹，究竟有多大益處，這是醫學問題，不便置詞，但依稀還記得專賣蛇宴者宣傳吃蛇有六項益處：（一）吃蛇宴後禦寒力增加；（二）秋冬季吃過，杜絕來春一切風濕病；（三）有盜汗夜便即晚見功；（四）宴後所出汗液與平時不同；（五）萎靡不振者宴後便知好處；（六）吃後舒筋活絡，精神振奮，工作效率增加。果有如此奇效的話，則人人該於秋冬後學「南蠻」大吃蛇膽與蛇羹。

兩廣的蛇有冬眠這回事（越南蛇比兩廣蛇大，味則不夠鮮）。動物在冬眠前，一定設法爭取營養，故秋後的蛇特別肥美。用幾組蛇肉經慢火熬成的湯，不加其他配搭，已比很多食物味道鮮美，何況還加上水鴨絲、雞絲或果狸絲配製。單就味的享受言，是很高級的鮮味，值得一嚐，為吃蛇羹而做多妻主義的信徒，則大可不必。至於吃了蛇膽或蛇宴，滋陰補腎到若何程度，就非老拙弄得明白了。

「南蠻」的羹湯

三藩市出名的「頭廚粱」告老拙：「有幾個有學位頭銜的食客，説老拙在《中聯通訊》十七期寫的《「南蠻」的蛇宴》不該用「南蠻」二字。

「南蠻」者是「南方之蠻」的縮稱，「蠻」者是少有或沒有「上國衣冠」的文化。指廣東人為「南蠻」，自古已然，老拙雖是「南蠻」後代，並沒有覺得做「南蠻」的可恥，正如有若干海外華僑，在任何情況下，不會覺得做黃帝子孫丟臉，仍死心塌地地承認自己是百分之百的中國人一樣。「南蠻」後代寫的既非「傳諸後世」的遊戲文字，等於外國人以「老番」、「鬼佬」扒龍舟的用意，「中聯」會友們看，可以打發幾分鐘的「空當」，甚或認為「過癮」，於願已足。讀書而獲得了銜頭的人們，等於古老時代的狀、榜、探階級，是嚐過「十年窗下」滋味的，但連「南蠻」後代寫其「南蠻」吃的故事的用意也弄不明白，真不知所讀何書。

閒話休提，書歸正傳，自然離不了吃，題目是《「南蠻」的羹湯》。甚麼是湯？甚麼是羹？有分教：「三日入廚下，洗手作羹湯；未諳姑食性，先遣小姑嚐。」這是一首唐詩。唐代已有羹湯，羹湯是一樣東西或羹與湯有所不同？

如果住居在美國的時日不少，也聽懂一些四邑話，當然會聽過四邑朋友說：「吃些羹水。」或吃後感到好味而說：「好羹水！」為甚麼不說「好羹」或「好湯」而說「羹水」？老拙非四邑人，也沒有研究所謂「羹水」的由來，但四邑話仍保存一個「羹」字，是值得研究中華文化者注意的。不過，數十年來所見的「南蠻」菜館中的菜單，屬於用匙吃的，有叫做羹的，也有叫做湯的，可見羹與湯雖同用匙吃，卻又有所不同。如「瑤柱（乾貝）豆腐羹」、「火腿芥菜湯」，為甚麼不叫做「火腿芥菜羹」、「瑤柱豆腐湯」呢？「南蠻」以外的菜館菜單，則很少見到甚麼羹的菜名，原因又在哪裏？這要食家、名廚、教人做菜的烹飪專家才弄得清楚。「南蠻」後代的老拙是不大懂的。手邊也沒有可供參考的資料。《辭源》、《辭海》雖有「羹」字，也略而不詳，把它抄下來，算作交代，也不大對，倒是袁子才的《隨園食單》的《用縴須知》裏說：「因治肉者作糰而不能合，要作羹而不能膩，故用粉以縴合之。」可見羹湯之羹是古已有之的。湯與羹的最大分別是清與膩，湯是像水一樣，羹是膩的，「用粉以縴合之」的目的是把它弄膩。為了膩而用粉，不管用麵粉、豆粉、馬蹄粉、粟粉都是有黏性的，不同的是厚薄而已。如果沒有黏性就不能把作料和湯「縴合」，成為膩的羹。

無論甚麼羹，不外是作料和以水弄成有味的湯，再「用粉以縴合之」。同可用匙吃而沒「用粉以纖合之」的叫做湯，如「三絲湯」、「西洋菜湯」、「牛尾湯」等，又如「清燉冬菇」，雖然沒有「湯」字，卻加上一個「清」字，這表示作料與水做成沒「用粉以縴合之」的湯，是清而不膩的。但「花膠水鴨絲」卻是羹而不是湯，把煮過湯的水鴨、花膠等作料弄成絲狀，以水鴨湯「用粉以縴合之」成為羹。又如「黃魚莧菜羹」、「乾貝豆腐羹」、「雞茸粟米羹」、「菠菜豆腐羹」，都是把作料弄成絲或茸和有了味的湯，「用粉以縴合之」的羹。用匙吃的加上一個「羹」字，不外是說明這個菜的做法。

用匙吃的羹入口膩滑，無須多嚼便可吞下。四川菜的「酸辣湯」也可稱之「酸辣羹」，作料既是絲狀，湯有黏性，可和作料一起吃。湯則不同，如「牛尾湯」、「牛腩湯」、「蓮藕煲豬肉湯」，很少人吃時用匙盛湯和作料一起吃，多是先喝湯後吃作料的。如果喜歡蓮藕豬肉和湯一起吃，先把蓮藕弄成茸，豬肉弄成小粒或絲，然後把湯和作料「用粉以縴合之」，就是湯同作料可一起用匙吃的「肉藕羹」。

「蓮藕煲豬肉」的做法比「肉藕羹」方便得多，惟就吃的享受說，當然是「肉藕羹」較好，尤其是牙齒不大好的人。湯與羹的最大分別，就老拙所見，則湯是喝的，羹是喝而帶吃的。「南蠻」的「菊花蛇羹」、「龍虎鳳大會」，全是把作料弄成絲狀，「用粉以縴合」了的「琉璃芡」，便是同時喝吃的羹。

說起「琉璃芡」，唐山的「雞絲魚翅羹」和美國中菜館的「雞絲魚翅」都有「琉璃芡」的。但唐山的「雞絲魚翅羹」的湯和作料的分量相等，美國的「雞絲魚翅」的作料比例多是：雞絲（其實是雞柳條，比魚翅粗大數倍）佔百分之二十，魚翅百分之十五，湯佔百分之六十五，盛在鍋或大碗裏，見湯不見翅，要吃到翅，則須作大海撈針的表演。有英文菜單的菜館，譯作「雞絲魚翅湯」是對的。湯多料少的「雞絲魚翅」確是湯的做法而不是羹。

其實美國中菜館的「雞絲魚翅」也多是羹的做法，吃時往往要表演大海撈針，這不是「頭廚」們不會做或做不好，而是吃魚翅的不肯多花錢，五六十美元要吃一席有魚翅的菜，魚翅而外，起碼還有五六個菜和飯麵才可讓十個人吃得飽，一窩分量夠的魚翅，成本要三十美元左右，付出五六十美元價值，又怎可吃到「斤兩足」的魚翅？沒有味道的魚翅，要做得好，要有好的肉湯，有維珍尼亞火腿的香味和足夠肉味的湯料，就要花七八美元。

「南方之蠻」的菜館的菜單，較其他菜館的菜單多些羹的做法的菜，原因何在？沒細加研究。執筆至此，忽然想起「禮失求諸野」一句話：難道中原的食藝，也流落在「蠻方」？

另記：香港二十年前有一次端午龍舟競渡，竟有兩艘龍舟的壯士並非黃帝子孫，龍舟上面迎風飄舞的旗幟，各繡着的兩個中國字，一是「老番」，一是「鬼佬」。

香港中國人在端午作龍舟競渡，由來已久。金髮碧眼的仁兄也做了龍舟壯士，參加競渡，且自稱是「鬼佬」和「老番」，不僅是香港龍舟競渡的創舉，也可以說是龍舟競渡史上的新頁。

扒龍舟是「禮儀之邦」的玩意儿，英人以「西學」方法在「中學」的龍舟上實踐，結果是舟翻了，「鬼佬」和「老番」兩艘龍舟上的壯士全變了「入水能游」的人魚，岸畔參觀競渡的華洋觀眾哈哈大笑。

過去凡「不與同中國」的，我們如不稱胡、夷，便是番，全沒沐過「上國衣冠」的文化的。廣東人稱胡、夷、番的慣用語是「老番」或「鬼佬」，直到如今，罵不通人情世故的人或頑皮孩子，每稱之為「番鬼」。

轉秀艇與明火白粥

儘管有些人對曾獲致「食在廣州」的美譽不大同意，但以廣州為「帶頭作用」的各式各樣的廣東的食，確有其不尋常之處。僅是賣粥或賣麵的「獨沾一味」的食店來說，在中土以外的世界，仍以粵式的最多。

加拿大有一家廣東餛飩麵店，年賺數十萬，羨煞幾許有名廚主理廚政的大菜館。另外香港百德新街的翠園酒家另掛出一個丁方二呎的只一個「粥」字的招牌，每夜就吸引不少為一個「粥」字而來的食客。當然，有「粥」字的招牌的食店不少，要是賣的不是煲的粥而是三滾粥，且又煲得不到家也不易招徠好此道的食客。

戰時廣東省會的曲江，有一家最出名的菜艇叫做轉秀，當時當地的轉秀艇在食壇上的地位，等於如今香港的第一流酒家，政海紅員、名公巨賈、各省食家沒吃過轉秀艇的菜餚者很少。

轉秀是艇主的女公子，艇名轉秀自是生招牌的作用，轉秀艇靚，鋪陳優雅潔淨，菜靚，是廣東人所謂「捻家」的做法，單是清蒸一尾江鮮，火候的控制就十分到家。轉秀雖非靚絕，雖非「紅袖」，既有小家碧玉的豐儀，也有青春少婦的韻味，因此有人說轉秀艇：艇靚，菜靚，人靚。其實轉秀艇三靚而外，粥也煲得靚。對食稍為講究的，而又吃過轉秀艇的白粥的，即使到了既醉且飽，五臟廟內已座無虛席，仍不拒納一碗又滑又香的轉秀白粥。

煲出滑而不大黏，有香氣的白粥，大概可稱之為正宗做法。佛家説淡而無味的淡味是飯味，白粥而有香氣，不曉得可否稱之為淡香？

曲江馬壩油粘是廣東產的上米之一，用新的馬壩油粘煲粥又軟又滑自在意中，煲得有香氣，而這種香氣並非腐竹煲的豆香，則轉秀白粥的香又從何來？嘗有人問轉秀如何煲粥，轉秀説：「用少許生油撈過沒淘洗的米，再用清水浸約半小時，傾入水已大滾的粥煲裏面，明火煲之，如是而已。」

煲粥的米用油撈過是加滑作用，稍有煲粥經驗的都懂得。煲粥的米不淘洗，就不一定人人都如此。轉秀白粥如此有香氣，也許是米不淘洗的效果。

營養學家主張吃糙米才多維生素，又説煮飯的米不宜淘洗（皇家的花廳飯雖經淘洗，吃來仍有沙，那是混沙或發過霉的米碌）。洗過米的水是白色的，那是米皮和米糠，含維生素乙最豐富（美國有些米包書明不用淘洗的，一經淘洗就失去很多維生素）。轉秀的白粥所以有香氣，大概就是米皮、米糠的香。

廣東的粥説煲不説煮，原來煲與煮的用器也有分別：煮飯的煲蓋沒孔的，煲粥的蓋當中卻有一個圓孔。米的黏性很大，明火煲之，白米和水經過高熱後的黏性壓住蒸氣，就會滾出到煲外，煲蓋的孔，就是讓冒出的粥水始終有出路，又從煲罅流回煲裏面。所以煲粥的明火，以有粥水在圓孔冒出為度，這種熱度的明火可讓煲內的米不斷翻滾。火力不夠就會變成稀飯，甚至煲焦。火力過大則煲一煲粥到煲好後，只得三分之二或一半。

轉秀不是「紅袖」，在轉秀艇吃菜的食客，如果不是「拾到金也不笑」的，常會有「遊龍戲鳳」的感受。當年的轉秀還是未嫁的雲英，一言一笑的豐儀和少婦的韻味，為五十年來闖蕩江湖所少見的嬌嬈。

「粱公粥」與「二嫂粥」

以「食在廣州」的食作「帶頭作用」的廣東種種式式的食，粥該列入雅俗共享，老幼皆宜，而且是可登大雅之堂的食物。從前上等的筵席，粥品是必備的。寓食於消閒遣興，粥也常被考慮。

早上吃一碗用雞煲的雞粥，不僅養分不錯，還是容易消化的食物。酷熱的天氣，吃一碗老冬瓜煲荷葉粥，是否真的可以消暑，大可撇開不談，心理上卻少些煩熱的感覺。晚上遊罷八圈「衛生乾塘」，要是有些意倦神疲，五臟廟似乎也要些祭品供奉，吃一碗用燒鴨殼煲的，吃來有鴨皮和鴨肉絲的鴨粥，也是一種好的享受。

廣東食物單是一個「粥」字，冠上如魚骨、魚雲等不計外，不帶作料名稱的粥也多得很。即就潮州粥說，也有很多名堂。艇仔粥是人所共知，也很多人吃過的，「粱公粥」和「二嫂粥」卻不一定有很多人知道和吃過。

艇仔粥出名始於廣州荔枝灣。每逢夏季遊廣州的香港客，晚上遊荔枝灣，幾是免不了的節目。由於沒有「冷氣開放」這回事，以前，夏天的廣州也很熱的，晚上坐在荔枝灣的艇上，常可享受比「冷氣開放」更「意甚得也」的涼風。既然遊河，為了遣興而吃些從放在河水籠裏拿出來生跳跳的淡水蝦，或吃碗艇仔粥也免不了。一九四六年以後老拙仍吃過多次荔枝灣艇仔粥，粥的作料與從前的差不多，粥味則大不相同了，與銅鑼灣避風塘的無大分別，自是煲粥的味料變了。

「梁公粥」是廣東以外的粵式煲雞粥。貴州和新疆都有人愛吃這些廣東的煲雞粥，且名之為「梁公粥」。

「梁公粥」的「梁公」是梁寒操先生。這位梁公於三十年前先後到過貴州和新疆，早餐愛吃雞粥，初到外地，廚師不會煲廣東雞粥，梁公就教他把原隻雞放在稀飯裏面煮，稀飯煮好了，就把雞拿出來，骨不要，把皮和肉弄成絲，再放回稀飯裏拌勻，就是雞粥，加上些薑絲、蔥花等及適量的鹽便是。

這些雞與稀飯同煮的雞粥，吃過的都讚美味可口，及後自是依樣葫蘆，且稱之為「梁公粥」。這種有原隻雞同煲的雞粥，起碼比加雞片滾熟的雞粥好味得多。

「二嫂粥」是及第粥類的粥品，所以出名因煮粥的叫做二嫂。二嫂賣粥的地方在廣州梯雲橋畔，這裏有二嫂的家庭生意，翁姑丈夫一齊動手，「粥政」則由二嫂主理。當年的二嫂，年在狼虎之間，雖荊釵裙布，卻也豐姿綽約，尤有濃厚的少婦韻味。二嫂的粥既煲得好，人也俏，愛吃粥的就紛至沓來。

二嫂賣粥也與別人不同，早不賣，晚不賣，凌晨二時方開檔，天亮後六時就不賣。食客對象多是「日上三竿猶未起」之流，自然也有一部分過着「黎明即起」生活的食客。

「二嫂粥」所以出名還有一項絕招：及第作料最新鮮，為爽為滑都恰到好處，而味道鮮美。數十年前廣州市賣粥的很多，煲得好的也不少，作料新鮮則難與二嫂的比擬。

梯雲橋畔距屠場不遠，劏豬時間在午夜開始。屠場是官家的，法令不能直接把及第等作料賣給任何粥店，但屠場的當權派有一人是二嫂的表哥，為了照顧表妹，每夜屠場有殺聲後不久，二嫂就拿到三及第作料開檔賣粥了。俗說「朝裏有人好做官」，開一所粥店，有了「官勢」也有好處，這是「二嫂粥」多顧客的絕招。

一個法界出身的香港銀行家，二十年前常到中環街市附近一家粥店吃夜粥，吃的又一定是及第粥。人問他何故愛吃這家粥店的夜粥，他說：「粥煲得好，及第作料夠新鮮。」就過往來說，每天下午，就不斷有肉車開到中環街市，其中也有及第作料，粥店在中環街市前拿了及第作料回去賣夜粥，作料自是比經水浸和被放進雪櫃的新鮮得多，至於用水浸過的，入過雪房的三及第，同最新鮮的吃來有何不同，這要好此道者才可說出其要竅。

及第粥的三及第，豬腰、豬肝加上肉丸，抑或是腰、肝加上粉腸才是正宗，這就要專家解答了。

煲粥等於煮飯一樣，不必如何「大力學習」，要吃味道好的有味粥，視乎作料肯否花錢而已。

「賽時遷」與「教化雞」

江蘇菜的「教化雞」原名是「叫化子雞」，廣東叫做「乞兒雞」。「叫化子雞」的創始者是個叫化子，第一個吃「叫化子雞」的也是這個創始人。有錢吃飯館做的「叫化子雞」的，當然不會是叫化子，聰明的菜館老闆，怕這個名稱會對食客不敬，把「叫」字改作「教」字，「子」字不要，就變了「教化雞」。至於「教化雞」在菜館出現始自何時，江蘇人或知其詳。

大約四十年前，平江不肖生著的《江湖奇俠傳》，其中一集有「教化雞」的故事。大意是說：常熟一個叫化子，在大冷的季節裏，有一天討不到殘羹冷飯，正陷於飢寒交迫的境地，本「窮則變，餓則偷」的道理，偷了人家一隻雞，躲在破廟一個角落，拾一塊瓦片，割破雞喉放血後，用濕泥包裹有毛有臟的雞，生火燒透包雞的泥，然後敲破泥包，則雞毛已脫在泥裏，露出嫩白的雞皮，用手撕吃之，「飢則甘食」，何況是叫化子，當然吃得津津有味。有人說江蘇館賣「教化雞」在不肖生的《江湖奇俠傳》出版以後，這要食的史家考證了。

原始的「教化雞」的做法是連毛帶臟的，菜館「教化雞」的做法諒非原始的，尤其設有防虐畜會的香港，菜館製作原始「教化雞」，更免不了會犯官非。

究竟原始的「教化雞」美味，抑改良的「教化雞」好味，要兩種「教化雞」都吃過的才可道出其所以然。

中國人對食的勇敢，不下於上戰場，甚麼東西都敢吃。尤其「南方之蠻」，毒蛇也敢捕而啖之，可說「食膽包天」。

舊金山有人焉，友好敬奉以「賽時遷」的雅號，因在中山縣的中山紀念中學讀書時，幹過時遷的勾當，偷了學校附近農家的雞，即把雞頸扭斷，用浸了水的寫過字的習字紙，一層一層地把連毛帶臟的雞裹封了，用鄉下人烘番薯的方法，把濕紙烘乾，撕去乾紙，雞毛也脫在紙上，用手撕吃。做法與吃法一如當年的叫化子，所不同的是一用紙裹，一用泥封，一個是中學生，一個是叫化子。

「賽時遷」說：「沒吃過菜館的『教化雞』，不知味道如何。自己做的『教化雞』，吃時連鹽也不用，味道的鮮美為任何做法的雞所不及，堪稱為天下的至味。」

時遷偷雞也不過偶一為之。「賽時遷」則一偷再偷，為的是口腹之慾。「賽時遷」的雅號，真當之無愧！

「賽時遷」是一個學會的台柱，也是「雀林高手」，英雄是怕提當年勇的，「賽時遷」談起當年偷雞之勇，卻意氣風發，眉飛色舞，還有躍躍欲動意。

寄語「賽時遷」，如忽然「食指動矣」，要吃「教化雞」而重施故技，則美國雞不值得偷，香港的農場雞也不值得偷，要偷則偷香港的走家雞和住家雞。美國雞和農場雞，用來做原始「教化雞」，雞肉是腥而臊的還帶有從前牙醫生用的「奇奧蘇」藥味。

翠亨村茶寮的「黃鱔兩味」

人說七十二行中的兩館行業——報館和飯館最不易經營。大抵報館和飯館的組織複雜，而又沒有甚麼「萬應古方」和「祖傳秘方」，人人可為而不易為。

有了最新最好的機器，不一定可出版一份「一紙風行」的報紙。有原子爐、原子力和不銹鋼設備的廚房，未必有「客似雲來」的一家飯館。

印刷機印出一份「一紙風行」的報紙，等於沒有財政部長簽名，沒人說假的鈔票。一家「客似雲來」的飯館，則天天把水變財。印行報紙變了鈔票，開飯館把水變財，確是一門複雜的學問，也是永遠學不完的學問。

就以飯館來說，食客與飯館是對立的，矛盾的，食客要吃花錢少而好的，飯館則希望食客多來，常來，要把對立消弛，矛盾統一，則這家飯館可把水變財，否則就是財化水。

飯館把水變財的東西是從廚房拿出來的，就常理說，有「廚林高手」主理廚政，該可把水變財，但不少有「廚林高手」主理廚政的飯館，也有財化水這回事。在飯館的飯廳裏面的服務員，領班或「店小二」，看似無足輕重，但也有招徠食客和趕去食客的。水變財的行業不易經營，複雜而外還加上多變。

在香港經營酒旅業。名氣宏大的楊志雲先生，是否「發思古幽情」，或讓食客「發思古幽情」，則不曉得。楊先生在半島弄了一家「翠亨村茶寮」，「翠亨村」是使人「思古」的，內部裝修只見中山像和孫文寫的「博愛」二字，「幽情」的氣息似乎少些。假如多一幀翠亨村的中山先生故居大照片，豈非多些「幽情」？這種「內部裝飾」，頗使人想到美國「竹昇」。

一天，有食客在「翠亨村」吃飯，要一個菜牌上沒有的「黃鱔兩味」，燜頭炒尾，且說明用甚麼副作料和做法。「醒目」的領班曉得「來者不善」，即到廚房請示做不做菜牌上沒有的「黃鱔兩味」。主理廚政的，不僅願做菜牌沒有的「黃鱔兩味」，還着領班請問食客高姓大名，俾便請教。這可說是飯館與食客間的若干「矛盾的統一」。

「黃鱔兩味」要用較大的黃鱔才做得來，因飯館沒備「黃鱔兩味」的黃鱔，做出來的「炒鱔絲」副作料過多，燜的也不夠火候，但這位食客卻說：「即燜即食的燜，怎能夠火候？沒準備做兩味的黃鱔，事前又沒聲明用兩尾黃鱔做兩味，炒的自然要用副作料搭夠，故不能說廚房做得不對，不過『兩味黃鱔』都有糖調味，食客要是『阿拉上海人』或日本人，用糖調味並無不對，說廣東話的食客吃魚鮮，很少用糖調味的。」

一個菜的味道，就要適應各種不同的食客的口味，飯館確不易為。而這位食客的批評，也可算「夠斤兩」，大概也是食家之流吧？

賈寶玉的湯

「歷史文物證明，江南織造的後人曹雪芹是個『食家』，所以《紅樓夢》一酒一箸都有根據。」這些話是從陳非兄在《星島週報》的大文〈由賈寶玉吃粥說起〉中抄下來的。

曹雪芹是否「食家」，似乎還沒見過搞「紅學」的專家「誥封」。不過從曹雪芹筆下的飲食看，則有些自詡為「食家」的，也不一定比曹雪芹對食的林林總總知道得更多。

《紅樓夢》第六十三回「壽怡紅羣芳開夜宴」所描述的內容，就使人感到未飲先醉了。抄些出來讓大家欣賞：「咱們把那張花梨木的圓炕桌子放在炕上坐」，「兩個老婆子蹲在外面火盆上篩酒」，「眾人……且忙着卸妝寬衣。一時將正妝卸去，頭上只隨便挽着鬢兒，身上皆是長裙短襖」，「那四十個碟子，皆是一色白粉定窰的，不過只有小茶碟大，裏面不過是山南海北，中原外國，或乾或鮮，或水或陸，天下所有的酒饌果菜。」

即使是柳下惠，置身這種鋪排的壽酌中，還沒喝酒，就會突然血壓增高若干了。

這一席夜宴，一壜好紹酒（當然不會是「女兒香」）不算，油鹽柴火工錢不算，襲人、芳官等共科了三兩二錢的物料費（按當時的物價計，該算是盛宴），何況盛菜的是四十隻「定窰」碟，以現值計，起碼已價值連屋。「酒饌」是甚麼？曹雪芹慳了一筆，似有意叫老饕讀者吊胃口。不過，曹雪芹筆下的飲食也有不少讓饞嘴者可依樣葫蘆的好食制。如第五十八回，寶玉的湯便是其中之一：「晴文笑道：『已經好了，還不給兩樣清淡菜吃？這稀飯鹹菜，鬧到多早晚？』一面擺好，一面又看那盒中，卻有一碗火腿鮮筍湯，忙端了放在寶玉跟前。寶玉便就桌上喝了一口，説：『好燙！』」

寶玉喝的「好燙」的湯，文中卻沒道出它的好處。就老拙推想：寶玉病後喝的湯，一定是清而不膩的。為了要引起寶玉的食慾，還弄得夠鮮夠香，所以寶玉迫不及待地喝一口便説「好燙」。原來並無鮮味的鮮筍尖，一碰到肉鮮味道，就像寶劍俠士、紅粉佳人一樣相得而益彰，經牙齒一咬，就覺好味。（好的「醃燉鮮」的冬筍也同樣美味。）瘦火腿在一碗湯裏充其量不會超過百分之二十，不會把這碗湯的味道弄得很鮮，有可能用帶骨的火腿先燉湯，燉好以後去膩和濾過，才用來滾冬筍、火腿，幾片火腿（可能不是做過湯的）還是一滾便上碗的（火候多會滾爛）。

款待好友，老拙嘗弄過火腿滾小芥菜湯。先用四兩瘦火腿及約四兩沒變黃的火腿骨燉湯，濾過油膩後，用來滾小芥菜膽，加上幾片火腿。吃過的都説是個「好睇又好食」的湯菜。

宋江的「紅白辣魚湯」

《紅樓夢》裏的賈寶玉是個食家，《水滸傳》的宋江也是食家。

照古人說：「三代富貴，方知飲食。」既富且貴了幾代的賈寶玉是個食家，大有可能的。但綠林大盜的「黑矮殺才」宋江也是食家，有人以為是匪夷所思的。說宋江也是食家，免不了要拿出證據來。人證是沒有的，物證還可找到：

《水滸傳》第三十八回：「宋江見了這兩人，心中歡喜，吃了幾杯，忽然心裏想要辣魚湯吃，便問戴宗道：『這裏有好鮮魚麼？』戴宗笑道：『兄長，你小見滿江都是漁船？此間正是魚米之鄉，如何沒有鮮魚？』宋江道：『得些辣魚湯解酒最好。』戴宗便喚酒保，教造三分加辣點紅白魚湯來。頃刻造了湯來，宋江看見道：『美食不如美器。雖是個酒肆之中，端的好齊整的器皿。』拿起箸來相勸戴宗、李逵吃，自也吃了些魚，呷了幾口湯汁。李逵並不使箸，便把手去碗裏撈魚來，和骨頭都嚼吃了。宋江看見忍笑不住，再呷了兩口汁，便放下箸不吃了。戴宗道：『兄長，已定這魚醃了，不中仁兄吃。』宋江道：『便是不才酒後愛口鮮魚湯吃。這個魚真是不甚好。』戴宗道：『便是小弟也吃不得。是醃的，不中吃。』李逵嚼了自碗裏魚，便道：『兩位哥哥都不吃，我替你們吃了。』便伸手去宋江碗裏撈過來吃了，又去戴宗碗裏撈過來吃了……」

三人同桌，吃碗「加辣點紅白魚湯」，吃法卻各不同。宋江嚐到魚是霉的，湯也沒鮮，就停箸不吃。

一見到盛魚湯的碗，宋江便道出「美食不如美器」這句話。喝酒的所在是江邊，唐代詩人白樂天喝過酒的琵琶亭，是個隨意小酌的酒肆，而宋江大為欣賞：「雖是個酒肆之中，端的好齊整的器皿。」

「黑矮殺才」的宋江就是山東「及時雨」宋公明。宋江成為「及時雨」是靠宋家莊的支持得來，宋家莊的主人是宋江的老子宋太公，宋太公是務農的，卻不是個佃農、自耕農，而是大地主，所以宋江之仗義疏財而成為「及時雨」，還不是慷他的老子的慨？從現代的眼光看，宋江是「二世祖」之流。第三十六回更證明宋太公不僅是大地主，更可能是富甲一方的財主。宋江做了囚犯後，有這樣一段：「……滿縣人見說拿得宋江，誰不愛惜他？都替他去知縣處告說討饒，備說宋江平日的好處。……知縣自心裏也有八分出豁他。當時依准了供狀，免上長枷與杻，只散禁在牢裏。宋太公自來買上告下，使用錢帛。」可見宋太公是個大財主。溺愛兒子的宋太公，除了財帛任宋江「仗義疏財」外，對宋江的飲食起居，當然也照顧周到，於是宋江對飲食有研究，也順理成章。

賈寶玉和宋江是食家，毋寧說用筆桿塑造賈寶玉的江南織造後人曹雪芹，在元朝做過官的施耐庵是食家。

就一碗「加辣點紅白魚湯」的描述看，則施耐庵不僅是「説林高手」，也是「鮮能知味也」人中的知味者。

「加辣點紅白魚湯」的「紅」，可能是鮮或乾的紅辣椒，白的大概是豆腐。多喝了酒，則辣魚湯既有醒酒作用，湯味既鮮又辣外，還會有微酸味。今日北方菜的「胡椒魚湯」有微酸味，是否由山東「及時雨」愛喝的「紅白辣魚湯」變出來？假如「胡椒魚湯」的前身確是「紅白辣魚湯」，則「紅白辣魚湯」是濟南府菜，而非盛行直隸數百年的山東東山府的菜。

「紅白辣魚湯」是先喝湯後吃魚的，既不能把魚煮至沒鮮味，也不能弄爛，如用果酸如檸檬或馬來、泰國的酸柑的酸比用醋更有另一種香味。

「紅白辣魚湯」不但可解酒，在「有米懶煮」的酷暑之季，也有刺激食慾的作用。

釀茄子

也作「政治武器」

政治者，涉及國家大事也，武器者，殺人的東西也。不流血的奪權，不流血的革命，固不必用殺人的武器。

太空時代的武器，多到數不清，説不盡，專家也不一定盡識。手握不穩，布袋裝不住的東西，也可作為達到政治目的的武器。出產石油的國家，用石油做武器；美國也有新的「政治武器」——糧食，會否用來作翻雲覆雨的用途就難説了。

陳非兄近在《嘗試集》寫的《吃風氣》，提到飲食也可作「政治武器」。他説：「了解對方的飲食習慣，在交友之道來説，不僅無可厚非，而且益見親近。諸如知道對方喝甚麼牌子的酒，又愛吃哪幾樣菜，大家相處起來便更有樂趣。」

以飲食作「政治武器」真是「自古已然，於今為烈」了。人為了活下去而飲食外，還有為交際的、事親的、健康的、登仙的(魏晉已有人講究煉丹，想做活神仙)、藝術的。為交朋結友而飲食的，有些人自奉是很薄的，款待朋友，總設法讓朋友飲好的，吃好的，而且飲食得開心。唐代的白敏中，屬於「醒目仔」之流，李衛公對他很欣賞，曉得白敏中是前途似錦的人，曾送十萬錢給他作應酬交際之用。有一天，白敏中大請客，開席前主人忽然失蹤。原來是好友賀拔基過訪，衣着大概有些寒酸，遭看門公擋駕，只得留下字條，及白敏中看到，賀已走了，白即騎馬去追，還說：「士窮達富有時命，苟以僥幸取容，未足發吾身。豈有美饌邀當路富貴，而遺故人之理。」李衛公曉得這事，大為激賞，說：「此事真古人所為。」白敏中後來果做到唐朝的「基辛格」。像白敏中這樣待朋友，今之世是有的，不過不會有很多。

「傍友」借飲食作進身之階，甚至因此家肥屋潤，至為尋常。靠飲食搞上與國家大事有關的政治，飲食就成為名符其實的「政治武器」。陳炯明底下一個團級司令，既沒有當過兵，也沒打過仗，連「步兵操典」是甚麼也不曉得，居然徽章煌然，全靠弄了一個「釀茄子」給陳炯明吃過，陳認為美味可口。為了經常吃到「釀茄子」，陳就給此人一個團級司令的名堂，月支若干「公注」。

據說，這位不會帶兵的司令做的「釀茄子」確也與別不同，用剛屠了的豬，仍在顫動的某部分，割下一塊，用鐵枝打成茸狀，加上其他作料作茄子的餡，故味道特別鮮美。在香港或在美國，如今要找一塊仍顫動的豬肉看來並不容易，則陳炯明愛吃用顫動豬肉做餡的「釀茄子」，恐怕第一「廚林高手」也做不來吧？

「釀茄子」也可作「政治武器」，則石油作「政治武器」就毫不出奇了。

天下至味的東莞魚包

一個美國人或英國人說：「我已吃遍美國或英國的菜式了。」一個美國或英國廚師說：「我所有美國菜或英國菜都懂得做。」

這都有可能的。

美國人或英國人吃的範圍不大，也不太複雜。美國或英國，冷的、熱的，擺在食桌上的「盆頭」的數目有限，在烹飪學校混過若干時日便全可學懂了。做得好與不好，又是另一回事。

被認為吃的民族的中國人中，如找吃遍了中國各種食物的人，或會做各式各樣的中國菜的廚師，就不容易了。

過往做皇帝的，吃甚麼，有甚麼，也不一定吃遍了中國所有的食物，或是最好的食物。比如海南的福山燒豬（三十斤以上的），丁方二英寸的一塊燒豬皮，從桌上掉落硬地，豬皮上就會有幾線裂痕，這種「天下第一」的酥脆燒豬皮，做天子的就不一定嚐過。被老饕們譽為「天下至味」，廣東東莞的麻涌「福珍樓」的魚包，做皇帝的也許不知道有這種食物，更沒吃的機會了。

皇帝沒吃過的食物，說起來還多得很，遑論吃到最好的。速度賽過孫悟空的飛機，雖可運一尾加州萬德里甘鮮的油大地到香港，總不比在萬德里吃即釣的味道甘鮮。三鯠（鰣魚）是季節性的魚鮮，在清代，漁人網到第一尾，即須報官，把這尾鰣魚由當地政府用驛馬運送到京師獻給皇帝。試問沒有冷藏設備和乾冰的時代，在暮春季節，用新鮮蕉葉包裹的魚鮮，經幾天的驛運才送到京都，比上海人在上海吃的「活殺」，香港人在香港吃的「生猛」，黃河流域市鎮的「鯉魚三吃」，其味道要差多少？

選三千佳麗充實皇帝的後宮，還不是難事，會動眼睛會曉話的佳麗，即使躲在沒有煙火的山巔水湄，也有方法可以「移船」。要遍嚐天下的美味，就沒那麼容易了。有清一代，林林總總的食物和各種菜饌嚐得最多最好，還是清中葉的乾隆皇帝，原因有「微行」的興趣。

東莞是魚米之鄉，與香港相距甚邇，原籍東莞的香港人不少，但吃過被認為「天下至味」的麻涌「福珍樓」的魚包的，相信不會很多。

魚包比普通的包子略小，比「燒賣」大些，包皮用魚肉製成，餡是枚肉和淡水鮮蝦，這是冬後春前味鮮而甘香的小食。其他季節吃，就難「齒頰留香」。

曾做過東莞「大老爺」之羅瑤先生，對「福珍樓」的魚包十分着迷，做「大老爺」之前，即使住在廣州，在冬後春前，也不惜跋涉到麻涌吃「福珍」魚包，且曾組織過逾八十人的「大食會」，專為吃魚包而到麻涌，真是「口之於味也，有同嗜焉」。

以魚肉做皮的食物不少，如魚皮雲吞、魚皮水餃等。以枚肉和淡水鮮蝦做餡的食物，更不勝枚舉。麻涌「福珍」的魚包何以會被稱為「天下至味」的食物?

原來麻涌「福珍」的魚包的製作固好，包餡的作料除了枚肉、鮮蝦外，還有臘鴨屁股。所以成為「至味」，大概是奇臊的臘鴨屁股混合了鮮蝦、枚肉的味道，變出另一種又香又鮮使人百吃不厭的味道。

話又得說回頭，愛吃慣吃臘鴨的廣東人，也不一定都喜歡吃奇臊的臘鴨屁股的味道。陜、黔人要是偶然吃「福珍」的魚包，說不定會說是天下奇臭的食物呢。

「獅子頭」與「老少平安」

「人，莫不飲食也，鮮能知味也。」

這是聖人説過的。「性也」是任何人不能或免，吃「性也」中的食而知其味者，大抵不多。食而知其味，甚至對食物的味道有所研究的，人們稱之為「食家」。

教育發達的美國，不少高級學府設有烹飪系，卻沒「食家」這一科。因此，「食家」也者，既沒讀過甚麼學分，也沒有文憑。究其實，能張嘴巴吃東西的，就有「食家」的資格，至於是否因精食而成為家，又是另一回事。

世之「食家」有三代富貴的；有食前方丈而感無所下箸處的；有在「金魚缸」邊行運，弄了幾個錢，吃五百元一尾老鼠斑的；有家裏買了一套沙發，三年也不把包沙發的塑膠丟去，吃過幾次大海撈針的雞柳魚翅的；有每夕必在大排檔吃其牛腩粉的；自南北數到西東，林林總總的「食家」，用電子計算機也不易算出一個數目來。「食家」之名可謂濫矣，好在法律沒有明文規定怎樣才可稱為「食家」。

治中國食史也甚有心得之費海璣教授，認為古之「食家」，除一食萬錢的豪奢飲食者外，對飲食肯研究的動機有四：一是孝親，二是交友，三是延年，四是藝術。

今之世，為交朋結友的，為延年益壽的，為生活藝術而研究飲食的，都不少。多如天上之星的自封或被封的「食家」，自認為屬哪一類？

據說，揚州名菜的「獅子頭」是清代的「連輿」為了侍奉翁姑所創製。翁姑老了，愛吃美味可口的菜，但嘴巴裏邊的牙齒所存有限，很多可口的菜，甚至「東坡肉」，也非靠牙齒勞動吃不出味道來，於是想出把豬肉切成小粒，弄一個大肉球，看來要牙齒勞動的，誰知放進嘴裏面，不用嚼而有牙齒吃的效果。沒有假牙可鑲的時代，無牙翁姑吃稱為「獅子頭」的肉球甚為過癮的。「獅子頭」所以成為揚州名菜，大概是沒牙齒的老年人都投它「神聖的一票」。

在此氫氣時代，如果還有「連輿」願意照顧翁姑的飲食而弄揚州「獅子頭」，則在美國的東部，中國的北方，還是適宜的，寒冷地帶多吃脂肪尚無不可；在美國或中國的西南，似不大符合「均衡營養」的道理，還不若弄廣東的家常菜「老少平安」符合「均衡營養」的要求。

「老少平安」是老幼皆宜的菜，吃了都可保平安——不會骨鯁在喉。

「老少平安」是把鮮魚肉和豆腐弄爛，加少許薑汁和油鹽、葱花拌勻蒸熟。

在廣州，弄「老少平安」通常用淡水魚肉，在香港和美國到處是海鮮，尤其金山唐人街，石斑肉每磅不過一元左右，用石斑肉弄「老少平安」，雖不及鯪魚的味鮮，但用石斑肉做的「老少平安」的好處是鯪魚沒有的。多吃石斑肉做的「老少平安」不必帶珍珠頸鏈也可預防患「大頸泡症」，因海鮮含有碘質，這是比用淡水魚好的地方。

為了侍奉翁姑而弄「獅子頭」，還不如弄「老少平安」讓翁姑吃得更平安。「老少平安」所含養分，看來頗合「均衡營養」的要求。

「起陽草」炒雞蛋白

老拙曾説過：富蛋白質的「大馬站」，加上半病的韭菜，尤多益處。此話説得有些抽象，該詳細説説。

韭菜的益處很多，除了它本身青翠欲滴的綠色外，還帶一點苦味的。

韭菜又叫做「起陽草」，究竟吃過韭菜，「陽」如何「起」？老拙也不大弄得明白。《笑林廣記》有一個與「起陽草」有關的笑話，大意是訪客與主人聊天，講起韭菜的益處，甚是津津有味，因留客吃飯，到屋後告訴「中饋」，多加一雙筷子，多弄一兩樣菜，誰知走遍上下房都找不着「太座」，因問兒子：「媽媽到哪裏去了？」兒子説：「媽媽聽客人説了韭菜的話後，到後園去拔蘿蔔種韭菜了。」

這個笑話是否真有其人、其事，大可不必深究，但如此寫來，不會無因。如果吃了又名「起陽草」的韭菜沒有益處，為甚要拔起後園的蘿蔔種韭菜？自是吃韭菜比吃蘿蔔有獨到的益處。韭菜的雅號不叫「降陽草」而叫做「起陽草」的道理，也可「思過半矣」。

向來講究滋補的，不管對韭菜益處有無懷疑，既有人肯拔起蘿蔔種韭菜，起碼可以相信韭菜不是「削」的食物。這樣説來，對「陽」也能「起」的韭菜，對有興趣研究荷爾蒙的人們，又增加了研究的資料和實踐的機會了。

韭菜不「削」外，在醫藥上也大有用處。《本草》從新對韭菜的功用，說得雖略而不詳，惟對此「道」有興趣的，自可參悟得之。

書上說：韭菜辛溫微酸，溫脾益胃，止瀉痢而散逆冷，助腎補陽，固精氣而暖腰膝，散瘀血，逐停痰，入血分而行氣，治吐衄、損傷、血病、噎膈、反胃、胃脘痛，解藥毒、食毒、狂犬蛇蟲毒。多食神昏目暗。忌蜜。

如果家有園圃的人，也不必拔起蘿蔔或其他植物改種韭菜。在香港，又粗又壯的韭菜是最廉宜的綠色食物。相隔逾八千里的三藩市，在唐人街也常有韭菜出售，不過價錢貴些。惟從本草醫書的記載看，也不宜吃得太多。

韭菜炒蛋是很古老而又最普通的菜餚，如嫌新鮮的雞蛋黃的膽固醇太多，只用蛋白炒已切粒狀的韭菜，既可行氣起陽，又吃到豐富的蛋白質。

要蛋白質嫩滑，炒之前用少許生油拌勻蛋白，韭菜切粒則較易消化。

「乃役於人」的「懶人菜」

「爸爸拿了韭菜回來。」

一個六七歲的孩子，很高興地對他媽說了這話，就跑到外面迎接他的爸爸。

爸爸拿了韭菜回家，值得兒子這麼高興，是過往的事實告訴他：爸爸有韭菜拿回來，肚皮就不用打鼓了。

這要說到民國以前，七十二行以外，難維生計的人的一項「自由職業」，也可名之為代罪羔羊，代被判罪的犯人受笞刑。犯人有阿堵物在衙門裏面上下打點，就受到照顧，花錢找代罪羔羊。無計謀升斗的人，就選擇這項皮破血流的「自由職業」換取短暫的溫飽。遇到衙門政簡刑清，則皮破血流的「自由職業」也會落空。

以皮肉痛苦換了柴米而外，也買一束韭菜，一半用以佐膳，一半就用作去瘀療傷的藥物。這同《笑林廣記》裏的拔蘿蔔種韭菜的目的大不相同。韭菜的功用如是之多，似乎可稱之為「萬應良菜」了。

「壞鬼書生多別字」，這是揶揄書生的俗話。韭菜並非書生，別字卻不少，叫做「起陽草」外，又叫做「懶人菜」。

如果植物也該「乃役於人」，則韭菜還是熱心分子，江西民謠說：「剃頭刀兒割韭菜，寅時割了卯時有。」被人割了又長出來任人再割，為人羣服務的「超額」精神，至可敬佩！冠上「懶人」的銜頭，是不大公允的。

韭菜在醫藥方面的用途也不少。曾借「天父天恩」稱王一方的洪秀全，一次噎膈病發，就靠韭菜汁治癒。一向講究「寓食於醫」和「寓醫於食」的中國人，韭菜更是理想的廉價食物。有人寧拔起蘿蔔種韭菜，足見韭菜還是有維持美滿愛情的功用，則稱韭菜為「壞鬼菜」較為貼切。廣東話「壞鬼」的意思並非要不得的壞到透，還有古靈精怪的用途和好處的。

食物也像人一樣有其等級，如用政治術語形容韭菜的階級，則韭菜既是「紅五類」也屬「黑五類」，有時還介乎「紅」與「黑」之間。如「鹹蝦燒腩煮豆腐韭菜」該列人「紅五類」，原是挑夫、轎夫的食物，一經張之洞提拔變了「大馬站」，就列為「黑五類」了。下面的事實也可證明韭菜還介乎「黑」與「紅」之間：

一、以代刑換升斗的用韭菜去瘀療傷。

二、晉朝最出名的窮措大周顒吃不起葷的食物長年做齋公，他說「春初早韭，秋末晚菘（白菜）」是最好的蔬菜。

三、吃韭菜是否會產生詩的靈感則不得而知，但唐代大詩人就愛吃韭菜，「夜雨剪春韭」是杜甫的名句。夜雨還忘不了剪韭菜，可說是吃韭菜的忠實同志。

四、《詩經》、《禮記》也記載祭祀用韭菜，直到如今，仍有若干地方春秋二祭，三牲而外，還保留豆腐煮韭菜，究竟是祖先生前愛吃韭菜，抑為取意「長久富貴」則非所知。

五、大江南北春天吃的春卷，幾乎必有春韭。「春韭炒雞絲」也是可登大雅的菜餚。韭菜何以又加上「春」字？春韭是未變綠的韭菜，又嫩又香，所以「春韭炒雞絲」比「韭菜炒雞絲」的價錢貴些，就貴在一個「春」字。

香港人真是有福了，一年四季都可吃到韭菜和韭黃，夏季吃未開花的韭菜莖炒豆腐乾、炒雞絲或其他甚麼肉絲，也是香爽可口的。

「獨沽一味」的點心是娥姐粉果皮的「韭菜粉果」，這是香港有名的馬二夫人的「文藝的地」的請客必備物，是有點古風的。馬二夫人的「韭菜粉果」確是做得到家，寫到這裏食指不禁動矣。

蒸肉餅加葱花

幾十年前，凡不會説粵語的，不問此人來自東南西北，凡是黃膚黑髮的，在「南方之蠻」眼底，都是「外江佬」。正如從前的四川人，指不懂説四川話的，背地裏就説是「腳底下的人」。四川有「天府」之稱，四川人就有一份優越感，稱不懂説四川話的為「腳底下的人」，似不比「南方之蠻」叫別省人為「外江佬」客氣一些。

「南方之蠻」從前還有一句揶揄「外江佬」的話：「騮鬆，騮鬆唔食葱。」「騮鬆」即老兄，如今，這句話沒有人説了，這不能不拜抗戰之賜。

自「蘆溝橋事變」到抗戰八年，以至成為戰勝的一國，這一筆賬自有歷史家去算，不必細表。但八年抗戰，有一筆難算的是「外江人」也變了「內江人」，「腳底下的人」也變了「腳底上的人」，不同言語、生活習慣的黃帝子孫，在無可奈何的情形下，串演一齣前所未見的，最偉大的「南北和」。僅演員的數字，即用電子計算機，也不一定算得清。因為大會串，多了很多「見面三分情」的機會，「南蠻」不再説「唔食葱」了，「天府」的人也不再説「腳底下的人」了。

戰仍在抗的年頭，一聲「疏散」把南北人疏到西東，土守不了而撤，卻説「轉進」，又把西北人疏到東南。當年疏到外江的「南蠻」不少，見到的老兄不但食葱，而且常食葱，多食葱。

外江老兄之愛吃葱，同「南蠻」之吃「清補涼煲豬肉」一樣與「食療」有關。

葱是做菜常用的，也是藥物，不少菜餚的烹調，固少不了葱，蒸魚鮮用葱，已成為「理所當然」。「南蠻」古方：患了傷風喝「欖沖茶」加葱白同泡，更增加發散效果。在北方吃烤填鴨，必有葱白，就為了去「寒性」。北方窮人的家常菜，「大葱煮豆腐」，據説可「祛寒暖肚」。

本草書上説：葱白辛散而平，發汗解飢，通上下陽氣，治傷寒頭痛、時疾熱狂、陰毒腹痛，益目睛，利耳鳴，通二便，通乳安胎，殺藥毒、魚肉毒……要抄下來，還多得很，總而言之，吃葱有益。不過，多吃也會「神昏髮落，虛氣上衝」。葱的種類不少，山東大葱最為可口，如以人作喻，山東大葱就像一個端莊凝重的麗人，卻又十分溫柔婉順。山東大葱的味是先辛後甜。

揚州「獅子頭」有一個做法有葱白的，蒸肉餅加葱花卻不常見。

「書林高手」大示提及年逾七十，兒孫滿膝之「老來嬌」，每午必在半島一食肆午飯，四兩「雙蒸」以外，還添兩杯「威蘇」（威士忌加蘇打水），佐膳菜必有蒸肉餅加葱花，而且吃得津津有味。

做得好的肉餅，第一講究刀章，用機器切的不見得鬆滑。吃來有香、鬆、嫩、滑而鮮的，才是做得好的肉餅。從前廣州十三行做大買賣的，請伙頭，蒸肉餅是必先試過的食制，可見人人吃過，又很多人會做的肉餅，要做得好也要有些功夫。摯友的「安人」，從前想留野性而嘴饞的老爺在家吃飯，就弄其「豆豉肉餅」。到這位野性老爺的性子不野，「安人」也就不肯花半個時辰弄一碟「豆豉肉餅」了。原來這位「安人」弄的肉餅，瘦肉而外，還搭百分之二十鬃頭肉，把肥肉先切片，再切條，最後切粒。如此麻煩，也難怪這位「安人」倦勤。所有粵菜館都會做「豆豉肉餅」，不曉得哪一家菜館的「豆豉肉餅」的製作，像這位「安人」做的。

「老來嬌」愛吃的肉餅加葱花，只用葱白？或與肉餅和勻同蒸？「書林高手」的大示略而不詳，也沒嚐過，不便説甚麼，但起碼會有「食療」作用。

番茄煮雞蛋

祖傳也好，傳統也好，總有傳的道理和價值，否則不必傳。如中國醫藥有些「祖傳獨步單方」，在如今的太空時代，仍有傳的價值。但也有若干祖傳和傳統的東西，是不值得傳的。如我們的祖父或曾祖父，拖着一條大鬆辮的，穿馬蹄袖衣服的，到我們這一代，為甚麼又不拖大鬆辮穿馬蹄袖繼承傳統呢？

周公時代，就有食療醫官，專管飲食，所以「寓食於醫」或「寓醫於食」這回事，古已有之。因之傳下來的食療方法很多，值得一傳的固多，應該棄的也不少。禍可從口出，也可從口入，吃的東西不對，如經常吃「爆雙脆」、「淮杞燉牛腦（或豬腦）」，就很難避免不吃控制血壓的藥丸，這是禍從口入的一例。

自從有了科學，再進而出現了營養學，發現中國傳下來對健康和衛生有益的食物甚多，有益也不在少數。有人認為外國的月亮也比中國的圓，因此一切崇洋，為了衛生，同朋友握手也用火酒把手抹過的固不對，飲食遵古，也不一定都有好處。

食物科學家、營養學家經年累月地研究飲食對健康的益損的說法，也不妨留意一下，如營養學家認為含膽固醇甚多的動物內臟，吃之無益，是有科學根據的，假如找不出證據，證明營養學家說錯了，一向愛吃「燴腰片」、「杏汁燉白肺」的就該少吃，甚至不吃動物內臟的餚饌。從沒吃過當歸、人參、茸片，年逾花甲而活力充沛的山姆大嬸不少，她們的傳統是少吃甚或不吃動物內臟的，為甚麼不吃？應由我們有醫藥衛生名堂的找出答案。

「中學為體，西學為用」，在清末民初唱得甚響，對於吃，似乎值得實行「中學為體，西學為用」。西人仍在不斷研究學習的「中學」的烹調藝術，不僅值得保存和發揚光大，「西學」的食物營養研究也大有「為用」的價值。雖則今之食物科學家、營養學家還沒有我們魏晉時代飲食專家的魄力：為了做神仙而煉丹。

不管在香港的「金魚缸」成功了的富翁，或在美國開菜館而買了很多樓業收租的，要想維持健康和多看幾年像萬花筒的世界，則食物科學家和營養學家研究出來的東西，有若干是可以「為用」的。

近年營養學家又倡導甚麼「均衡營養」，就每人每日所需（當然是人各不同），作有計劃而合理的飲食，他們的論述，長過好幾匹布，卻都「言之成理，持之有據」，對我們有若干人死抱不放「以形補形」的吃活猴子腦，可補聰明之不足，和增加活力，竟沒一字道及。「均衡營養」如用一句話概括，便是「少食多睡一覺」。「均衡營養」所列舉的食物，既葷亦素，正是北方人的謙辭「白菜豆腐」，南方人的「清茶淡飯」的清淡飲食。

就「均衡營養」的菜單和作料看來，則數十年前已盛行的南方人的家常菜「番茄煮雞蛋」

也可列入「均衡營養」的菜單裏面。

罵人的俗話有一句「腥夾悶」，富養分的番茄就有這種味道。因此有人不愛吃，所以做「番茄煮雞蛋」就免不了要加些糖醋中和了「腥夾悶」的味道，吃來有香氣，也要用蒜頭「起鑊」。

如果同席有年老的翁姑，就做「免黃」的「番茄煮雞蛋」。蛋黃含膽固醇甚多，老年人不宜多吃。

講食集

叁：「美」食人生

溫哥華的廣東餛飩

招牌上寫着一個特大「麵」字的食肆的「波士」，家肥屋潤，甚至發達了的不少。但，賣麵的「波士」發達了，帶挈夥計也家肥屋潤，甚至晉為車主、業主階級的，可能是以時論值的西方世界才有較多的機會。

加拿大溫哥華一家麵店，煮麵的、包餛飩的，連「企枱」的夥計一共十多人，以當地的起碼工值，每小時二元半計，工作八小時加上「超時工作」的收入，則每一個夥計每月的收入，相等於美國的中級工程師（八百到一千二百美元），拿西方式的工值，仍過着中國式生活（起碼下班後不在酒吧間打發日子），不超過兩年就成為車主和「花園洋房」業主了。

這家麵店賣的是粵式餛飩，約有六十個座位，並非「餐期」的下午三四時，每一個座位平均十分鐘換一個食客，「埋單」的數字平均約一元五角，連「餐期」時間排長龍的食客計，每天營業逾十小時，僅川流不息的唐番食客的數字，就大得驚人。

「打荷」是粵式菜館八個部門之一，技術而外，「打荷」的責任有點像會計部門的稽核，一家菜館的盈虧，「打荷」負相當大的責任的。賣粵式餛飩麵的，煮麵、煮餛飩、加湯、加碼全是煮麵師傅「一腳踢」，但這家麵店竟有專工的「打荷」，自是煮麵師傅忙不過來，不能兼顧煮以外的工作，不得不要一個「打荷」。

溫哥華自有唐人街以來就可吃到粵式餛飩麵。直到如今，有餛飩麵賣的食肆，起碼超過十家。有專工「打荷」的不但只此一家，整個美洲計，也可算是「首創」，以目前來說，還不容易多找一家。

賣餛飩麵而有專工的「打荷」，由於「客似雲來」所致，然亦有其所以「雲來」之道。

粵式麵店必賣餛飩，可見餛飩是粵式麵店有「帶頭作用」的食物。餛飩源出很古，南北朝的顏之推說：「今之餛飩形如偃月。」偃月即半月形。還說其俗名餃子，北人多食之，或蒸，或煮，南人多食餛飩。《通雅・飲食》也說：「餛飩出諸渾氏屯氏。」據說渾氏和屯氏還是一雙很恩愛的夫妻。

這是用麵皮包餡的食物叫做餛飩的由來。

北人多食餃子，南人愛吃餛飩是事實，惟餛飩即餃子未必盡對。餃子和餛飩最明顯的分別是餃子的皮是圓的，南人的餛飩的皮是方的。廣州式的餛飩餡的作料是淡水鮮蝦，豬肉是切的，還有烘香的大地魚粉。麵條爽脆而不易斷。廣東人愛吃爽而帶脆的麵條，可能與亞熱帶的天氣有關。麵湯則濃濁鮮醇而有香氣。古老時代的麵湯作料是大豆芽、豬骨、蝦頭、蝦殼、烘香大地魚和小許薑，所以有香氣便是由蝦頭脂肪和大地魚而來。

餛飩的皮要薄，煮熟後又不能潺滑和破裂，所以餛飩皮都加蛋製作。麵條則以有全蛋製的麵的香氣為好。

北美西岸城市的餛飩麵，不但少有人工打的麵，做餡的淡水蝦（有些地方也有淡水蝦，但剝小蝦人工太多不上算）因物料和工值昂而受限制，熬湯這回事也不多見，切肉則以電機代替，想吃一碗香、鮮、爽的餛飩麵就不容易，而餛飩或餛飩麵又不能賣高價，於是賣餛飩麵的就不得不一切從簡。所以吃慣廣州餛飩麵的，就不大愛吃北美洲的餛飩麵。

嬉皮士的「黃豆牛扒」

這個世紀可說是變的世紀，不特變得大，變得快，變得出奇，連無所不能的菩薩也無法預測這個凡間怎樣變，又變到怎樣結果。

世世代代視牛扒為主要食物的美國人，變到要吃在所謂「以農立國」的國家出名了數千年的黃豆做成的「牛扒」。不過，做這些「黃豆牛扒」的黃豆並非來自「中土」。

一九七四年五月廿五日《星島日報》載：華盛頓海外發展會準備向八月十九日舉行的聯合國世界人口會議提交一份報告，報告說以黃豆代替肉類的研究已相當成功，把黃豆纖維壓縮成肉類形式，可提供與牛肉、豬肉和雞鴨一樣的營養。吃黃豆製造的「牛扒」、「豬排」，對世界食糧短缺問題的解決會大有幫忙。

就這一則新聞看，是美國向世界推銷「黃豆王國」的產品。究其實，美國糧農等機構，研究「黃豆牛扒」已好幾年了，最初的目的不是為了生意，吃黃豆有很好的蛋白質，可替代若干肉類，而牛扒世家卻要見到牛扒才眉開眼笑，不大肯吃黃豆的，於是研究把黃豆製成牛扒一樣，還具有牛扒該有的色、味、香，讓不能每天吃牛扒的人吃「黃豆牛扒」，而又有足夠的蛋白質。

在農業部未積極推介「黃豆牛扒」以前，美國已有不少西菜館賣「黃豆牛扒」和「黃豆豬扒」了。

自從出現了老子、耶穌和甘地三位一體的信徒，長髮的「嬉皮士」以後，就有不少稱為「售健康食物」的菜館，賣的全是不沾血腥的食物，「黃豆牛扒」不過其中之一。長髮的嬉皮少爺、小姐本是牛扒世家，做了嬉皮以後，倒是「齋口唔齋心」，學和尚、尼姑吃起齋來，卻又忘不了血淋淋的牛扒，於是就有人把黃豆粉等素料弄成有「鑊氣」的牛扒。這些買齋牛扒菜館的食客，多是披頭散髮，男女難分的，於是有人説齋牛扒屬嬉皮士的「食的文化」。

近年不少牛扒世家的美國人所以食齋，既非看破紅塵，也不是受了嬉皮文化影響，而是為了健康不得不食齋，不想按時服食血壓丸一類藥物者也不得不食齋。若干人的若干病源證實與葷食太多有關，於是有若干人在吃的方面就自動做了「和尚」或「尼姑」。因此，有些原是賣血淋淋牛扒的餐館，也改賣假牛扒，自然是這種食客不少。十年前，如果開一間專賣齋雜貨的「士多」或齋餐館，必關門無疑。如今，美國各地不僅有專賣齋菜的菜館和素食品物的雜貨店，齋雜貨的種類且比唐山素食店多，單是一個「豆」字的食物，就有二三十個品種，足見食齋人日漸增多。

有血色的齋牛扒的味道如何？因沒嘗試的機會，恕難奉告。不過，要把假牛扒弄成真牛扒的味道，似乎是「吃的民族」的中國人的「特技」。唐山齋雞、齋鴨的作料也是不帶血腥的，有些做得比真雞、真鴨的味道更好。美國的「黃豆牛扒」，如果有中國的齋廚高手「點睛」，相信更受食客歡迎。

美國食物是「日日新，又日新」的，但都以「有益」為目的。如膽固醇太多的蛋黃，多吃「冇益」，連賣蛋的商人也賣沒蛋黃的鮮雞蛋白，方便不吃蛋黃的買客。但「吃的民族」的中國人，對含膽固醇甚多而吃了「冇益」的動物內臟，不少人仍認為是「有益」的食物，大吃特吃，有些名廚或專家，仍「大力」教授「爆雙脆」和「杏汁燉白肺」，前者是清末民初北京的山東名菜，後者是民十以後「食在廣州」的廣州名菜。近世紀醫學家、營養學家證明這些含膽固醇甚多的食物，是「冇益」的食物，該列為「不合時宜」的一類。對血壓丸一類按時服食的藥物，如欲敬而遠之，則「爆雙脆」、「杏汁燉白肺」一類有動物內臟的菜餚就該少吃，甚或不吃為宜。

露台種植蔬菜

作為購物天堂的香港，到了每年的旅遊季節，不因悶熱的天氣而沒有「到此一遊」的四方遠客。

各種不同的遠客中，更有對香港特別眷戀，每年夏季必蒞臨一次抑或多次的遠客——颱風小姐。不管她的芳名是蓮達或露絲，有時是驚鴻一瞥地在香港的東南或西北亮相，有時在港境內盤旋，一不稱意，發起雌威，給予香港人的損害，是難以想像的。老一輩的香港人，提起颱風小姐過往的雌威，幾都談風色變！

任何香港人不會歡迎風姐的，但風姐要來，婉拒、強抗都不得，只有閉門迴避。

風姐即使驚鴻一瞥地掠過，也帶來「無風三日雨」，則「樓下閂水喉」之聲少了甚或沒有，卻也常讓香港人嚐食貴蔬的滋味。一元一兩的青蔬大部分香港人是吃不起的。食無蔬對健康固有不良的影響，惟近年香港人也變得聰明了，知道風姐要來，存食的項目多加了一項水果，一遇到青蔬短缺的日子，就以生果代青蔬的營養素。

美國的加州的四季蔬果應有盡有，風姐也甚少蒞臨，食無蔬果這回事住居在加州的，大可不必擔心，但師奶多用花盆種芫茜、葱等植物和在牆腳種番茄由來已久，為的是忽然要用芫茜和葱或一個番茄，不必開車到數里外的食物中心購買。

最近關於園藝的專欄作家在報上還鼓勵家有園圃的人撥出一塊地方種植日常要吃的植物，且還舉出一個六口之家，全年所花蔬果的錢不過六元九角，而這六元九角的開支只是買肥料的支出，灌溉的時間人工在外。這個「花園洋房」的家，前後園圃的面積不過六百平方呎，前圃種了花草，後圃則分植四時蔬果。故六口之家一年吃的蔬果不僅不必外求，還有盈餘饋贈親友，省時省錢外還吃到最新鮮的蔬果。

香港家有園圃的，並非佔多數，一家八口一張牀的，更談不上種甚麼蔬果。不過，家有園圃的人，在園圃一角種些時蔬。有露天騎樓的，也可種些盆韭、盆葱，起碼對自己方便些，在風姐大發雌威時，把盆葱、盆韭等放在屋內避風，則風姐走後，也不致食無葱、韭。買賣股票的「金魚缸」的學問，美國主婦多不如香港的師奶，在園圃種蔬果，在騎樓種葱、韭的知識，則美國主婦似比香港師奶多些。為了方便自己，這種「西風」似乎值得一學的。

江太史嫡傳名菜

人說從前上海是冒險家的樂園，租界更是龍蛇混集的所在，但冒險家的樂園，早已「遷地為良」遷到香港了。既是冒險家的樂園，當然少不了冒險家，而且還是各色人種的冒險家。冒險家中有九流十流的（師事老子、耶穌、甘地的嬉皮士也該算一教吧），自然更少不了混集的龍蛇。且香港又是吃「龍虎鳳會」、「五蛇羹」的大本營，因時勢的轉移，更多添「蛇」的種類，如誘人吸毒的，有人名之為「化骨蛇」。就港府發表癮君子的數字推敲，「化骨蛇」的數字可也不少。

提起蛇，不期而然地想到「秋風起矣，三蛇肥矣」。如今秋風還沒起，食指卻動矣。在美國，三蛇是有的，即使有秋風也吃不到蛇羹。

在香港，賣蛇羹的館子都冠上「太史」二字作號召，似乎是沒「太史」二字，蛇羹賣不起價錢和少食客光顧。

新一代的知道「太史蛇羹」的「太史」是江太史，江太史叫做江孔殷卻不一定都知道。江太史是清末民初的出名食家。

「南蠻之域」的廣東菜和點心，在西方世界很多地方都有得吃，自普受歡迎所致。要是查考一下近百年來的廣東食史，和「食在廣州」的由來，不過是當時的士大夫羣，搞洋務的發了財的豪門富戶，做了「帶頭作用」。有了這一羣「攪飲攪食」的精食主義同志，人們封之為「食家」所弄出來的東西，當時不過是為了口腹之慾，不料後來會在弘揚中土食的文化中發生作

▶八十年代陳夢因與陳天機（左一）、江獻珠（右二）合影。

用，而且實實際際使若干人受益。如果在廣州白雲山上，以太空船用的望遠鏡四周一望，會發覺不少有家難奔的人，直接間接靠刀鏟為活的，會有一個驚人的數字。

江太史是創造「食在廣州」的美譽的若干「南蠻」之一，對弘揚中土食的文化來説，也似乎不無貢獻。當年的太史第除了蛇羹出名外，還有很多名菜。在美國雖然吃不到「太史蛇羹」，如果有緣的話，也可吃到江太史嫡孫女江獻珠小姐做的太史第名菜。老拙一向不願丟掉的一張嘴巴，還算有用，離中土萬里外竟也吃到太史嫡傳的一席佳餚：

酒會的：「螺絲蝦」、「炸玉兔」、「燒雞串」、「牛燒賣」和「八寶盆」。

一席的菜是：「香脆戈渣」（並非飯焦做的）、「酥炸鴿鬆」（熱葷）、「雞絲生翅」、「涼拌鴨絲」、「脆皮子雞」、「黃酒蝦球」、「嶺南牛柳」。還有「核桃露」和甜點「袖珍杏撻」、「富貴香酥」等。

這是美西抗癌分會請客的菜，由江太史嫡孫女獻珠小姐、任職國際電腦公司的陳天機夫人親動玉手烹調的。陳夫人也是抗癌分會籌款委員，有感於她的慈母患癌症多年，並為抗癌會同人對病者的真摯和熱誠照顧所感召，願為抗癌會設帳授徒，教的當然是太史第嫡傳的菜，學生要繳納學費，多多益善，卻全歸抗癌會夾萬。在美國教人做菜的名廚專家不少，教人做高級的食家菜的，就老拙所知，陳夫人還是第一人。

江太史嫡孫陳夫人的芳名叫做獻珠，此番真是「獻」其「珠」於社會，間接對中國食的文化的弘揚也大有裨益，因草此彰之。

劏雞可用小刀

吳儂軟語有一句「開開眼孔」，等於廣東話的「開開眼界」。「開眼孔」也好，「開眼界」也好，都要靠眼睛。文藝家筆下說「眼睛是靈魂的窗戶」，但靈魂是看不見的，靈魂的糧食來源之一就是眼睛，眼孔開得多，自然糧食供給足，「見多」自然「識廣」，於是對人，對事，甚至人生、事業、社會、世界，深處頭殼裏面的靈魂就有較多之想法。

人說香港有些青年的眼光短窄，胸中天地不大。所以致此，大概是眼孔開得不夠，不多，不大，這與各種環境和教育制度有關，似不應全歸年輕人負責的。

英國富翁讓他們的少爺當水兵，效忠他們的國家而外，另一目的是吃公糧遊世界，遊世界便是我們古人說的「行萬里路」，遊過世界自然開了不少眼孔。美國富翁於暑期讓他們的少爺小姐做有些人認為賤役的剪草、掃地、派報紙的工作，等到暑期將完，又加若干倍補貼打發他們遊世界。前者讓他們的少爺小姐知道稼穡之不易，後者讓他們「開眼孔」。

一九七四年七月五日，星島甄選免費歐遊學生的會議，席上聖保羅校長羅怡基博士說：「去年該校一名學生參加歐遊歸來以後，整個人都改觀，比從前更為開朗、懂事。」這是「開眼孔」的收穫。

今年的學生歐遊，除免費者外還有很多，則香港學生更增多了「開朗」和「懂事」的，自不在話下。

講飲講食看來似乎也不需開甚麼眼孔，不過，能多開眼孔，也是有益。舉例說：如果香港舉行國際劏魚比賽，各環街市的劏魚壯士必踴躍參加，假如也有意大利劏魚壯士加入，敢斷定奪魁的是意大利人。這不是「媚外」或長他人志氣，而是意大利劏魚壯士的刀法比唐人快。

在製造罐頭沙甸魚的地方，見過意大利劏魚壯士替釣客劏魚，一百數十尾種類和大小不同的魚，去頭，去鱗，去內臟，全部時間用不了二十五分鐘。這樣快，即使「浪裏白條」見到，也要拉他到琵琶亭喝幾杯，對這位意大利劏魚壯士道一個「服」字。

原來意大利劏魚壯士用以去鱗的是鋸齒的刮，劏魚則用尖長細刀，從魚的排泄處插入到近魚頭處一拉，魚肚破開，拉出五臟廟，接着用尖刀在魚頭骨處一割，也就「魚頭落地」，用不着用重逾數磅的大刀斬的。

又如唐人吃成隻的雞，多用斬刀斬開的，沒「開眼孔」以前，會以為美國人吃全隻雞也一樣用大刀斬，不會想到美國人吃雞可用小刀切。用小刀切雞有兩個好處，一是減少「骨鯁在喉」這回事，其次是避免斬時油膩飛濺。教人做菜的專欄作家也兼教人如何切雞，按照雞骨的組織先把肉割開，在接駁之處，用刀把連接的筋一割，就把雞的某部分分了屍。要是沒「開眼孔」，不一定曉得全雞也可用小刀割，則吃全雞如沒大刀，只好學「生番」的吃法——手撕。

劏魚切雞雖是微不足道的瑣事，不「開眼孔」不曉得用小刀也可劏魚切雞，而且還「慳水又慳力」。總或統而言之，多「開眼孔」愈多「有益」。

難得一見的「瓜菜席」

有朋自遠方來，不亦悦乎？

來自遠方的朋友，假如在「金魚缸」得意以後，參加世界旅行團遊世界，則這種遊的起、居、食、住、行都有時限，即使有自由活動的時間，也有限得很，人各有其私務且不必說，買些送親友的禮物、紀念品等，可能還不夠時間。給當地的朋友打個電話，已算盡了故人情。聽到問候的電話，做地主的應該已經「悦」了。彼此有時間，盡地主之誼固好，因時間所限，這種誼未能「盡」，也不算無情、失禮。相處以誠的朋友，更不在乎這種「誼」。

如果相交甚篤，先信後電，約了來自遠方的朋友，主人如果是幹洗盆碗的，抽出晤敍的時間，請遠方朋友吃個「名產」的熱「堡」，香港人稱之為「漢堡牛扒」，美國叫做「謙卜架」（麵包夾牛肉餅，大排檔的每個二角九分），也可使遠方朋友「悦」的，因是待之以誠，沒錢請客也讓遠方朋友嚐「名」試「新」。

先信後電，及承認相交忘年的遠方朋友，有錢又有閒的主人，請朋友在美國「歎」其茶不名，點不美的「一盅兩件」，也算盡了「誼」，未免「化學」些，也少了誠敬之意。即使請遠方朋友吃大海撈針的雞絲魚翅，盡這種「誼」也有點雪櫃味——寒氣。泛泛之交的朋友，自然又當別論。人說「香港人情紙咁薄」，其實太平洋西邊的人情也不見得厚到哪裏。不過，十步之內未必無芳草，十室之邑難道沒有忠信？就所知，也有既誠且敬，款待來自遠方的朋友，既飽且醉而外，彼此感到真的「悅」的人。

有一個招待來自遠方的朋友的主人，月入所得稍高於寫字樓的清潔工人（約七百美元），竟以難得一見的「瓜菜席」盡地主之誼。

這席的菜單是：

一、紅莧菜翅羹（美國有三種莧菜）；

二、韭黃龍鳳卷（唐人街有韭菜而沒韭黃賣）；

三、冬瓜火腿夾（有七八成金華腿味的維珍尼亞州產品）；

四、豆苗扒蟹肉（美賣母蟹犯法故無蟹王）；

五、絲瓜炒鮮魷（蒙德里魷魚比香港的嫩、脆、鮮）；

六、節瓜乾貝盅。

尾台（即甜菜）：士多卑利糕、蠶豆玫瑰露。

在香港來說，這算不得甚麼新菜名菜，但「瓜菜全席」在香港也難得一見，甚或可以說，沒見過有人以「瓜菜席」請客。就美國來說，相信也是首創。加州以外，也不見得可用瓜菜作主要材料弄菜請客，即使要做，也沒這樣多的新鮮瓜菜，效果自然不及農產大本營的加州。

這一頓「瓜菜席」，來自遠方的朋友吃得「悅」極了！既未吃過「瓜菜席」，間中有各種瓜菜的酒席，也沒有這樣好而新鮮的瓜菜。其中一對陪客是美國夫婦，美國先生說：「吃遍美國菜館的春卷（韭黃龍鳳卷，外形較春卷大），從沒吃過這樣酥、脆、香而好味的春卷。」又問：「從哪裏可買到黃葱（韭黃）？」美國太太則說：「以加州農產作主材料做成一席色、香、味都好的菜，第一次吃。你們中國人的烹調本領真是天才，豆的葉也會做成這樣美味的菜。刮去瓜仁的節瓜也弄得這樣好味，一輩子吃節瓜盅也不會厭膩的。蒙德里的魷魚既美味又好像吃炸薯片一樣脆口，真是難得。」

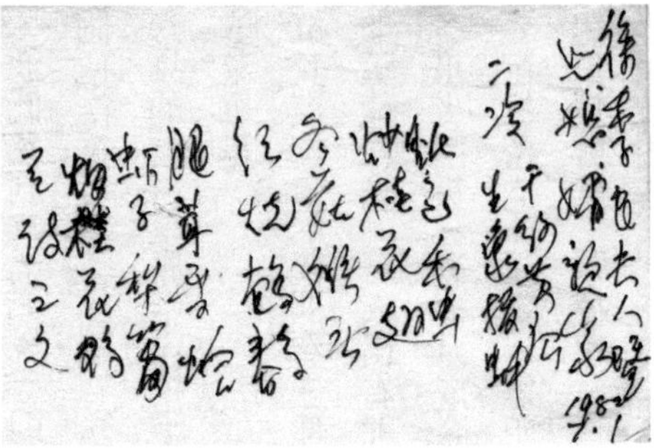

▶一九八二年陳夢因家宴徐季良菜單。

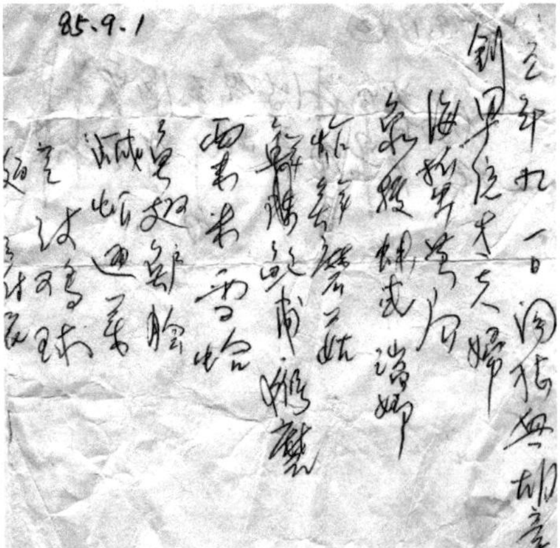

▶一九八五年陳夢因家宴關德興、胡章釗菜單。

不吃乾貝的「乾貝扒紹菜」

「想吃海上鮮，莫惜腰間錢。」

大概有這樣一句古老的話。要吃好的海鮮，就得多花些錢的道理是不錯的。海鮮當然是活的最好，即在香港街市的魚枱上，已見血的，也有魚心仍動的，不動而又塗上紅水當血的，同是一種魚，價錢也不一樣。甚至不能翻生的鹹魚，吃鹹魚的世家也有他們吃的譜尺，「拖」（網的）的不比釣的值錢，屬於季節性的黃花鹹魚來說，就以插莊、淡口、霉香、蒜子肉，加上釣的才是上品。霉香鹹魚多是過鹹的，卻以霉香而淡口的才是佳品。一尾鹹魚就有這樣多的名堂，每個名堂又各有其道理，所以說吃是一門大學問，不無道理。

在美國，製作麪餅的專家，任何麵粉抓一把撒在板台上，就知道這種麵粉宜於製作甚麼麪餅。這種知識和經驗，似乎不是面對一本製麪餅的書，依樣葫蘆就可獲致。怪不得西人做得好餅和好菜的師傅被稱為藝術家。

在「大清律例」管治的時代，在廚房弄刀鏟的，不是一項馨香而又體面的職業，即使在士大夫階級或大菜館裏做得好菜的廚師，充其量是收入好些，和多了一頂「名廚」的空帽子，沒有「藝術家」銜頭的。倒是會寫幾筆花鳥，即使畫虎不成，塗鴉不像的，也全稱之為「藝術家」。

時勢一變再變，一變是「大清律例」已束諸高閣數十年，再變是西人愛吃唐菜，從前不馨香的職業現在變為最吃香的職業。而欣賞唐菜的西人比愛好中國視覺、聽覺藝術的愈來愈多，弄刀鏟的做菜師傅也被西人稱為「藝術家」。在美國，唐人畫廊的數目不及唐菜館百分之一，唐人刀鏟藝術之吃香，可以概見。

一位並非弄刀鏟藝術的朋友，很喜歡攬飲攬食，卻總不承認是個食家。他說，三藩市這麼一個小地方的吃也沒遍嚐，何況加州，此外還有四十九州，又憑甚麼資格可稱為食家。

一次，這位攬飲攬食的朋友請遠方來客，其中有一個很普通的菜，廣東人叫做「瑤柱扒紹菜」，廣東以外的叫做「乾貝燒紹菜」，遠方來客吃得十分過癮，說：「香港也有『瑤柱扒紹菜』。紹菜上面見到乾貝，紹菜味道卻不是乾貝的味。這個『乾貝扒紹菜，用到紹菜膽，吃來有乾貝味，又香又鮮卻見不到乾貝。」主人說：「這種古老排場的菜，還得依古老排場的做法才好吃。一碟菜要用五棵紹菜，外層不要，只用裏邊的一半。乾貝則先熬湯，熬過湯的乾貝沒鮮味且韌不宜吃，故不要。紹菜卻要『走油』。製作時的油且須煉過，否則有腥味而不夠香。菜館做法一因成本限制，二來即要即做也麻煩，只好把紹菜『飛水』或『飛油』，加上湯（可能是以『搶喉』作料做好）煨過，弄菜時加上浸過水的乾貝，鋪在紹菜上面，自然見到乾貝而吃不到乾貝味道。」

美國西岸的紹菜每磅約三角，卻少有菜館賣「乾貝扒紹菜」，可能是乾貝太貴，每磅廿五到三十美元，如依古老排場方法做「乾貝扒紹菜」，作料成本起碼七八元，賣價超過十元，則可買三隻雞或三隻鴨，肯花吃三隻雞或鴨的代價吃一碟古老排場做法的「乾貝扒紹菜」的食客不多，則又何必賣這些菜。這樣一個普通菜，原來也大有文章，則「想吃海上鮮，莫惜腰間錢」的說法就更不錯了。

沒有廚房的菜館

英雄造時勢，時勢造英雄。英雄與時勢，好比紅粉佳人，是誰也離不開誰的。

就近年票房紀錄甚佳的打鬥影片來說，二十年前的打鬥粵片，產量為世界之冠。耍幾手戲台上的左插花、右插花的招勢，加些情節，又是黃飛鴻或方世玉第幾集。不少人說這些影片粗製濫造，儘管粗也好，濫也好，有了若干喜粗愛濫的肯花錢看的觀眾，就變成了「人多勢大」。勢既大，就造成若干左插花、右插花的英雄。這可說是時勢造英雄。

其他的英雄看見左插花、右插花把勢成了勢，就動了「因勢而利導之」的腦筋，把招勢弄硬朗些，加上開麥拉的「特技」，製造一個闖蕩江湖的盲人。肯花錢看盲人把勢和「特技」的更多，於是戲台把勢和沒特技的打鬥片肯花錢看的人少了，倒是硬朗把勢和「特技」成了勢。這還可說是英雄造時勢。

「學習精神」向來「不敢後人」的黃金導白金導，見到「形勢逼人強」的時勢，也就大力學習「特技」，不旋踵也弄出有「特技」的打鬥片，果也突破了「票房紀錄」。勢是因時而變的，耍戲台把勢的英雄也就走向「落難」的途徑。

時勢是「特技」加上硬朗把勢，於是在小學唸書的若干少爺小姐也開始研習練功運氣起來。練氣運功能避免「走火入魔」，則遨遊太空也無須借助太空船。香港治安弄到如此田地與「我武維揚」之「時興」有無關係，這要社會學家、教育學家才明白。「功夫」的「時興」的風氣吹到美國，於是美國也有「功夫」片集。不過「功夫」片集還帶些哲學意味。

又是一個英雄造時勢的故事。

為了與蘇聯作太空的科學競賽，美國科學家度過了二十五年的蜜月生活，公帑的支銷以千億計。在蜜月期間當上一個屬「科」字類的洋狀元、榜眼、探花，吃飯的碗就是金鑄的了。直到一九七〇年後，美國為了節省公帑，放棄了科學競賽，致使若干捧金飯碗的狀、榜、探，換了銅飯碗，又換成泥飯碗。這是時勢使然。

捧了多年金飯碗的一個狀元，忽然捧起泥飯碗來，心有不甘，憑藉英雄本領造時勢，把狀元袍脱下，到唐人街的熟餸檔買了幾盤熟餸——咕嚕肉、炒飯及炒麵、燒排骨之類，到山姆大叔居住最多的區域，開起不設廚房的菜館來，竟也招來不少食客。據説吃這樣的飯還比吃金飯碗的飯好味得多。

狀元是不會在廚房弄刀鑊的，竟會開起不設廚房的飯館，謂為非英雄造時勢，其可得乎？

古老時代中國人稱美國為「金山」，金山的美國，雖非到處是黃金，如果是英雄，也不見得拾不到黃金。

價比黃金的「香芫燉鴿」

「嫩鴿肥雞」是菜館過去常用的宣傳句語。如今，在香港、台灣，或其他有中國人聚居的城市，「嫩鴿肥雞」仍可收宣傳之效。在美國唐人街的菜館，要宣傳「嫩鴿肥雞」卻又不一定有效果。把「嫩鴿肥雞」譯成英文，向山姆大叔大嬸宣傳，希望多些山姆大叔大嬸光顧，更是打錯算盤。

吃白鴿的山姆大叔不多，他們把白鴿視做和平的象徵，美國若干城市的花園，成羣或超過百數的鴿，飛來飛去，像人一樣遊花園，既不怕人，也沒有愛偷有翼動物的時遷。遊花園的人，還常帶些穀類到花園孝敬自由自在的白鴿。山姆大叔少有不吃雞的，但加上一個「肥」字的雞，見到聽到就聯想到血壓和心臟等問題，即使不得不吃，也把肥的留在碟上。

至於唐人，「嫩鴿」是歡迎的，「肥雞」卻不一定愛吃。「連輿」也好，「台駕」也好，對珠圓玉潤的雅號都遠而敬之。

鴿與雞加上一個「嫩」字和「肥」字，因時、地、人的不同，觀感也就不一樣。

中國人吃白鴿，看來還是「補」字第一。李時珍說：白鴿性淫而易合，通常禽類皆雄者追雌，獨鴿則雌追雄，故鴿字從合。《本草綱目》還說白鴿在某種行為上倒亂乾坤，雌者採取主動。鳥類的白鴿從「合」，人要從「合」，也要有本錢。鴿能合和多合，自是有充足的荷爾蒙，缺荷爾蒙或需要大量增加荷爾蒙的，對和平象徵的白鴿則用另一種方法加以愛護，殺而啖之，白鴿就見不到不和平的世界，在另一個極樂世界過逍遙而和平的生活。有一本醫書卻說，白鴿吃得太多也會傷目。

香港同金山一樣有做得好菜的菜館，也有做得好菜的食家，做菜怎樣才算好，真是一言難盡。僅就白鴿來說，就所知，金山有兩個食家都做得好：一是李華廣先生的「鹽焗乳鴿」，即使在香港，也不一定有這樣的標準；二是朱逑湯先生的「脆皮乳鴿」，與從前中山石岐的難分伯仲。這樣的佳餚真是有口福方可吃到，如果他們請客，而且在私邸請客，自己動手弄刀鑊，客人才有嚐的機會。他們做乳鴿做得好，有無秘方則不得而知，只曉得他們吃乳鴿前一天就到賣劏淨乳鴿的地方搞公共關係。他們可在剛劏淨後不久的百數十隻乳鴿中，找到肥而乳毛還未盡脱的白鴿，這有可能是他們的乳鴿做得好的「秘方」之一。

為了增加荷爾蒙而吃白鴿，沒把握買到乳毛未盡脱的肥嫩乳鴿，只好吃燉的。燉的做法很多，「香芫燉鴿」不妨一試。乳鴿一雙，芫茜約四安士，舊陳皮角，如想鴿不變成肉渣，則用清水燉。做大窩要夠鮮味，還得加半磅瘦肉。隔水燉四小時。

「香芫燉鴿」是書林高手賈伯見告的。他最近吃過認為夠香醇而味鮮的「香芫燉鴿」，至於香醇的程度如何，則要看一角的陳皮的年代了。

前清廣州有過五十兩銀一碗綠豆沙的故事，一碗綠豆沙值得五十兩銀，貴在一角百年以上的陳皮。

五十年前的陳皮在香港的價值與黃金相等，一百年的據説值兩倍金價。真的用一百年的陳皮做「香芫燉鴿」，要花若干錢，這要與黃金有緣的才曉得。

金山的陳皮每安士不過一元數角，用與黃金同價的陳皮做「香芫燉鴿」同用一元數角的陳皮又有何分別，這要食林高口才道出其所以然來。

「翡翠 金錢」

菜名冠上「翡翠」與「金錢」者不少，如「翡翠雞」、「翡翠蝦球」、「金錢雞」、「金錢蟹盒」等，幾乎是人人吃過的。

所謂「翡翠」與「金錢」，不過像翡翠的色和令人想到金錢的圓扁形的食物，翡翠與金錢又是人人欲得，至少聽而悅之的東西，開飯館的曉得顧客這種心理，於是投其所好，有綠色作料的食物名之為「翡翠」，模樣圓扁的冠以「金錢」。做撈家的要大殺三方，炸肉丸稱之為「四五大六」，更妙的是抗戰後期的「轟炸東京」，把弄好的蝦仁或海參傾在剛炸好的一碗鍋巴上面，發出吱吱的聲，形容爆炸，雖然勉強一些，但也可見當時的「人同此心，心同此理」。

最近遇見一位華僑社會的「婦女領」，一聲Hi跟着便問吃過「翡翠金錢」沒有。稱之為「金錢」或「翡翠」的菜是吃過的，把「翡翠」與「金錢」聯起來的菜不僅沒吃過，且前未之聞。「婦女領」說：「她也是初次吃，是一個有兒子做名醫的阿姆請她吃的。」這位阿姆在餐館做了逾十年的洗碗工作，現在兒子成了名醫，親娘就享福，有名又有錢故常弄好菜請客。大概是有了十多年的洗盆碗經驗，在廚房裏耳濡目染，也學會做菜，且常做些新菜。這位享福的親娘還有資格競選模範母親呢。想當年做洗盆碗的阿姆，每天工作逾十小時，除繳納月租五元的單人房租金外，「飲茶、行街、睇戲」與她無緣，熱水浸皺了玉手的所得，全部投在學醫的兒子身上，如今，做了名醫的兒子，對親娘的孝順到連討老婆的事也由親娘做主，討個親娘認為賢德的媳婦，真算是金山少有。甚至在唐山，在這文明時代，為親娘討媳婦也許算是新聞。

「翡翠金錢」其實是山姆大叔愛吃的「甜酸豬肉」，但這位阿姆的做法又別出心裁，用比肉排更嫩的豬內柳切成約二分厚，先以蒜薑汁、胡椒粉、生抽、麻油醃過，蘸濕粉炸至焦黃，以碟盛之，看來很像美國的大金，吃時才把有青椒的紅色甜酸芡鋪在上面，一如「鍋巴蝦仁」的吃法。「金錢」的外層又香又脆，裏面又嫩又好味。如果菜館的「甜酸豬肉」的做法，能像阿姆的「翡翠金錢」，會招徠更多山姆大叔的食客，甚至唐人也會中意這種「咕嚕肉」。

「咕嚕肉」芡另上並非新的吃法，人力和時間關係，美國的中菜館免了芡另上這回事。用豬內柳做「咕嚕肉」卻是新的做法。

人權至上的美國，這位名醫討老婆，孝親為重，放棄選擇的權利，為親娘討媳婦，有生花妙筆的，真可把這故事寫成感人肺腑的小說。

名符其實的「雞茸粟米」

「有局冇局全憑禮拜六。」

「沿路步過」是香港文化，則「有局冇局全憑禮拜六」更是香港的早期文化。

「局」字的用途不少，禁煙局、稅局、棋局、酒局等不勝枚舉，近數十年更有「雀局」。菜館酒家的招徠廣告：「雀局免費」。免費者，食客要打幾圈不收牌租。喜筵壽宴在酒家請客，請帖另一行的入席時間常有：「五時恭候，九時入席。」由五時至九時之間，讓來賓為了衛生或消閒「有局」而已。

「有局」原不算香港文化，加上「禮拜六」就變了香港文化。香港政府機關、學校和洋行禮拜六休息半天，比中國大陸早了若干年，凡禮拜六就有很多人有空，「有局」的「局」一直到天亮也不在乎，禮拜日大可睡到日上三竿。

數十年前的「有局」所指的「局」，大概是香港禁娼前，塘西飲花酒的局。當時的妓女到酒樓侑酒，叫做「出局」。召妓陪酒花箋，又叫做「局票」。今日可不同往日，現在「有局」的「局」最多的還是「雀局免費」的「局」吧？

金山的唐人街的「有局」則在禮拜五晚開始，而以禮拜六最多。日夜局合計，最少者有三個數字。更有公家的和私家的。公家的則在會所；私家的多在唐人街以外，三五知己或好友，每週末小敍一次，輪流在住處做東道，「有局」不過是節目之一，主題曲還是一個「吃」字。

最近一個週末，友人忽來電說八缺一，還有好吃的。因為吃，只好奉命。果然有好吃的，而且有好聽的。

先說好聽的：主人的好友，年前也到香港「金魚缸」邊看「金魚」（在股份市場炒股票），且有相當斬獲。後來知道「上市」前的計算方法，進而更知道官居三四品的，一份厚俸和數字相當大的「長糧」也放棄，出而做摩登考古家，恍然有所悟：打腫面充胖子，腫消了，就現出原形。生怕會扮「大閘蟹」，就不再在「金魚缸」邊看「金魚」。所謂先知先覺，其為此公歟？

好吃的，也是太平洋兩岸都有得吃的「雞茸粟米」。無須牙齒勞動的則不多。原來主人的「中饋」是廚林高手，用新鮮粟米磨爛去渣，以去衣去筋的雞胸弄成茸狀，然後以熬好而去膩的雞湯同燴，真是名符其實的「雞茸粟米」，又鮮又香，又嫩又滑，確是少吃的好菜。

據說現在教人做高級中國菜的江太史嫡孫女獻珠小姐也教人做「雞茸粟米」。先把「竹升」式「雞茸粟米」的做法告訴學員：罐頭粟米一罐，罐頭雞湯一罐（時值零售價約三角至三角半美元），四安士雞肉……然後教學員做無須牙齒勞動的香、鮮、滑的「雞茸粟米」。

董家「鹽水雞」

人類的飲食，從茹毛飲血演變到用筷子刀叉進食，到了氫氣時代，還有「電視晚餐」。

經營食的事業機構要製造「電視晚餐」，當然是有若干人有此需求。「電視晚餐」要是向南美吃蕉當飯、沒有電視的地區推銷，恐怕賣不了若干盒。即以香港來說，大道中的美心，要是在二十年前賣飯盒，不但不能每天賣逾千，恐怕想賣數十盒也不易。此由於當年的香港社會無此需要。

「電視晚餐」流行最早，最多食客的，相信仍是美國。

曾經有人說過，山姆大叔為了欖球而生活，似乎說得過分，然而揆諸事實，欖球確是山姆大叔一部分的生活。可找的證據太多，單從報紙篇幅、電視播放球賽節目看，就可見到山姆大叔大嬸球迷是個很大的數目。美國原是體育最發達、最普遍的國家，已下台的總統尼克遜說，欖球是美國第一體育。雖然棒球、籃球的球迷也不少，總不及欖球的多。大抵德、智、體、羣、美都在欖球場上有充分的表現，吸引很多美國人做球迷。歐式足球教練甚少在場邊指揮球員作戰的，但美式足球的教練羣則要在場邊督戰（一隊職業隊就有半打以上教練），就因一場比賽的勝負，不僅球員「落力」，還要教練「有計」，這是偏重個人技術的歐式足球所沒有的。看一場欖球比賽要花三小時，同一時間內有幾場欖球比賽，一個家庭中的男女老幼，坐在地氈上，開兩部或三部電視機看球賽，一邊吃着「電視晚餐」是很普遍的。一場大學的冠軍賽，六元的票價可炒到一百二十元，連同電視觀眾，據估計就有一千七百萬人。所以說欖球是山姆大叔一部分生活是不無道理的。

山姆球迷也如香港一樣，既有「擁星躉」，也有「擁南躉」，有一個山姆大叔選快婿也要選球迷，而且要迷同自己一樣擁護的球隊。這等如我們一個有名的博彩商人，與未來快婿晤面，要在有骰子的場所，看看未來快婿在三十二塊疊起的黑木上面投下三粒骰子時是否神色自若，如果面色有變，或遲疑不決，就說此人無卧薪嘗膽的氣魄。但被考驗的未來快婿會否因面色有變，而把既得的繡球丟掉，說故事的人卻沒交代。

此有名的博彩商人同時也是食肆的「波士」，卻愛吃董家的「鹽水雞」。「鹽水雞」是董家某宅廚娘的妙製。每年在農曆冬節前，博彩商人就買備若干紹酒和嫩雞，送到董家某宅，情商廚娘客串做數十隻「鹽水雞」作為冬節禮物送給親友。

據說「鹽水雞」的做法是：先用花椒和幼鹽把雞醃過後隔水蒸熟，再用紹酒浸夜，做法像江南人的「醉雞」，妙在吃來有香氣而沒有酒味。酒浸的雞而沒有酒味，大概也另有「秘方」吧。

「駝背鎣」妙手炒鱸魚球

十月是美西的釣鱸季節。

芳鄰舉家週末出海釣鱸，共獲九尾，重逾七十磅，成績不弱。不禁想起為愛吃「蒓羹鱸膾」連官也不做的張翰和愛吃鱸魚的東坡居士。

「浮世功名食與眠，季鷹真得水中仙；不須更說知機早，直為鱸魚也自賢。」

傳統的想法，做官是為了發財，新年的吉利語，就有一句「升官發財」。在做着官的張翰，為了想吃家鄉美味的「蒓羹鱸膾」而掛冠，大概西晉也許會有像香港的廉政署一類的機構出現或其他原因，預料幹不下去，借辭愛吃家鄉美味而作三十六着的上着。東坡居士頌張的詩，不曉得寫自何年，如寫在被貶海南以後，則不無借頌張翰而有「歎五更」之嫌，懊悔當初沒跟張翰「看齊」，以忘不了故鄉的蒸肝膏和大麥為由而不再戴烏紗帽，打道回「天府」去，豈不免了到「蠻方」同苗人做芳鄰這回事。話又得回來，東坡居士要非先後到過杭州、蘇州、惠州和瓊州，不一定會吃很多佳餚，喝過很多美酒，也寫不出很多與飲食有關的詩文。就海南來説，可口美味的山珍海錯就不少，野生的指天椒的辣勁就不一定不及東坡居士的故鄉「天府」所產。

張翰的愛吃「鱸魚」是掛冠的借口，東坡居士愛吃鱸魚，不僅有詩為證，且有賦為證。《後赤壁賦》說：「客曰：『今者薄暮，舉網得魚，巨口細鱗，狀如松江之鱸，顧安所得酒乎？』歸而謀諸婦，婦曰：『我有斗酒，藏之久矣，以待子不時之需。』」宋代最出名的「文林高手」，寫文章的資料，是俯拾即是的，要非深愛鱸魚，又何必在文章裏面加些魚腥氣味。

「今者薄暮，舉網得魚」的客人，似非東坡居士的訪客，而是蛋家佬。訪東坡居士談詩論文，且同遊赤壁的，當然不會是蛋家佬，不過也不能沒有蛋家佬訪東坡居士，東坡居士且可能與蛋家佬時相過從。東坡居士是愛吃爛吃的人，同蛋家佬搞上關係，脫不了魚鮮買賣，也有可能夕遊赤壁，經過「舉網得魚」的地方，順便一問，果有鱸魚。但有魚無酒，也吃得不過癮，再問蛋家佬有無酒。蛋家奶奶順口答道還有沒喝完的黃酒，於是把未喝完的黃酒送或賣給東坡居士。到作賦時忘不了這一宗事，「文林高手」寫文章又不便扯上蛋家佬伉儷的關係，把他們當做遊伴，美化了這故事。

同東坡居士談古論今的朋友，會「舉釣」的不是沒有，「舉網」的不見得會尋章摘句，而有網設備的，多是與「鮑魚之肆」有關的人物。所以，宋元豐五年十月「二客從予，過黃泥之坂」的「二客」如有其人的話，其中一人極可能是靠「舉網」找飯吃的蛋家佬。

張翰故事古今傳誦，寫八行箋的，如香港銀行界的子胥後人，「我的朋友，書林高手」，一紙八行箋裏要是提到與退休有關的，就常會引用「蒓鱸之思」。如非與張翰同鄉，吃慣了「蒓羹」，則美國也可作「鱸膾之思」的。

鱸魚的吃法很多，廚林人物認為，「炒鱸魚球」要做得好，並不簡單。第一要魚夠新鮮，其次，炒不夠火則腥，稍多些就不成球狀，筷子夾不起來，則成碎片。五十年前，廣州的「廚林高手」綽號「駝背鎏」的鍾鎏，堪稱為「炒鱸魚球」的高手。

清末民初，廣州食壇有這樣一句話：「鍾家鏟，梁家芡。」鍾鎏當然是「鍾家鏟」的高手。香港「鍾家將」不少，不曉得誰是「鍾家鏟」的衣缽傳人。

不卸水的「蒜子乾貝」

當今世界政壇，紅得發紫的人物，並非甚麼總統或帝王，而是布衣之士的基辛格博士。一九七四年十一月十一日，基辛格博士在美國上空答記者問。「我很想知道你在外交上的成功秘密。」基辛格博士當然不會說出自己的秘密，卻也「此地無銀三百兩」。他說：「沒有比自誇在外交上成就更危險。我不相信奇跡的說法，任何一件事都需要事先縝密策劃，而在策劃中必須注意每一個細節，特別是抓住人們所無法製造出來的客觀事物。」

縝密的策劃和注意每一個細節也許就是基辛格博士玩外交戲法的秘密。處事作縝密計劃的，在所多見，能注意每一個細節的，就非人人如是，而注意細節又往往是最麻煩而費時的事。

尼克遜已下了台，一介書生之基辛格能走上國際舞台玩外交戲法，當然是這個書生滿腹經綸和「注意每一個細節」。能欣賞能「注意每一個細節」的基辛格博士的，是當年做紐約州長的洛克斐勒。要不然則基辛格博士可能仍是「人之患」。更難得的是尼克遜也「識貨」，起用這個沒派系的庶民做他的外交顧問。

尼克遜的功罪是非撇開不談，卻不能不承認他是個會搞政治的，會搞「世界事務」的美國總統。

尼克遜想坐白宮第一把交椅前夕，好友李聯晶兄嘗下問：「尼克遜能否當選？」老拙說：「就這幾年看，搞美國內政的，尼克遜不一定是好手，搞『世界事務』的，還以尼克遜知道的較多，起碼啓德機場在香港何方，他也知道。做了總統後，用了基辛格做外交顧問，做甚麼也不必先經國務院，這等於邱吉爾在第二次大戰時，容許駐美大使做事用錢不必依預算，可以『先斬後奏』，是懂搞政治者的手法。由此足見尼克遜懂得搞『國際事務』。」

基辛格博士玩的外交戲法與國務院的「議會政治」的傳統戲法不同，故一亮相就遭到朝野圍攻，他卻依然不慌不忙地玩他的戲法，大概這就是「肚內撐船」的功夫吧。

日常生活的吃，如能「注意每一個細節」，也不會吃虧而有好的享受。

友人最近為了盡地主之誼，情商此間一個高級烹飪家弄古老排場的粵菜，款待來自香港的朋友，竟獲香港朋友激賞，遠客說：「香港做『蒜子乾貝』出名的包辦館（一九七三年在這包辦館吃一席菜，要花三千港幣）也沒做得這樣好。」美國蒜子比香港的大，混在原個乾貝裏，也頗相襯；乾貝保存原個而火候恰可；沒有青蔬墊底，把蒜子乾貝吃光，碟上不留芡水。這是有「玻璃芡」的菜，看來好像沒有芡。有這樣「注意每一個細節」的客人，引用孔老二的話是「食不厭精」。想不到山姆大叔的地方，竟也有「注意每一個細節」的，本「食不厭精」精神而做菜的烹飪家。被款待的遠方朋友既吃而樂之，主人也就「不亦悅乎」。

十人一席，在加州弄一個「蒜子乾貝」，作料費就要二十美元以上。

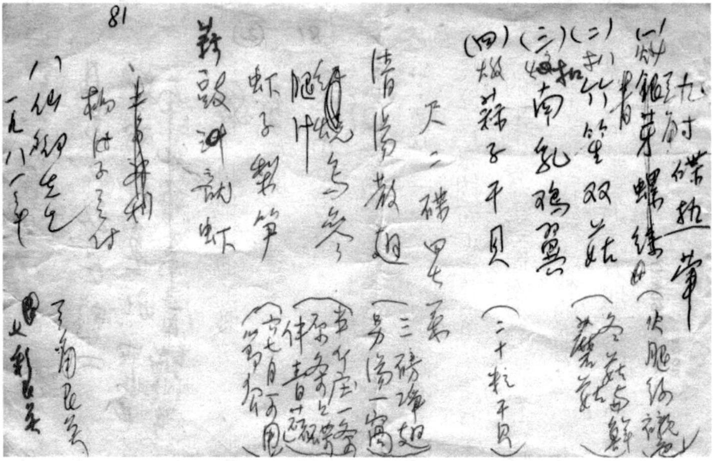

▶一九八一年陳夢因在八仙酒家宴客指定菜單。

名不副實的「炒鴿鬆」

多年前，順德才子陳荊鴻訪問越南，在一家高級學府裏聽過一個愛吃臭芝士的洋狀元教授中文，把「君子」解作「皇帝之子也」。

一九七四年下半年，美西也發現一個「番邦」狀元在高級學府教中文，指學生把「二八佳人」當作十六歲的美人不對，而說是二十八個美人。「番邦」的番狀元教中文作了「引導錯誤」，唐人是管不了的，唯有「一笑置之」，在唐山，即使是小學教師教中文，如把「君子」解作「皇帝之子」，「二八佳人」當作「二十八個美人」，恐怕會招致被「鬥倒」的下場。

說北京話一如生長在北京的北京人，由傳教士，而大學校長，後來還做駐華大使的司徒雷登，該算是美國罕有的「中國通」，他回美後寫了一本書，講在華五十年的經歷，對「中國事務」的波詭雲譎，不勝感慨！現任宰相的基辛格有無看過司徒雷登這本書則不得而知，但基辛格搞「中國事務」借用了鬼谷子的「縱橫」和孫子的「虛則實之」的道具，確也變出些新戲法來。

人說古老的中國文化「博大精深」，因此要「復興」與「弘揚」。在太平洋西邊所見，「復興」與「弘揚」的中國文化，以食的文化最受歡迎。書店裏的書櫥，就有百數十種中菜烹飪書，教人做菜的華洋名家或教授，單以美國計，起碼超過一千。

最近有人在電視台教人做廣東名菜「炒鴿鬆」。這位被稱為名家的仁姊怎樣教呢？她說：「炒鴿鬆」是廣東名菜，不用白鴿時可用雞胸肉代替，副作料是：青豆、馬蹄、瘦豬肉、雞肝。作料要切成像青豆一樣大小。雞胸、雞肝、瘦肉同時落鑊炒四分鐘，然後加入其他作料炒勻，最後加味料和芡。放在已炸好粉條的碟上，吃時用生菜包之。

「炒鴿鬆」是廣東名菜？「南方之蠻」不便置詞。但慣吃「炒鴿鬆」的「南蠻」，對這樣做法的「炒鴿鬆」唯有「一笑置之」。

台灣的出國留學，大陸的雜藝人員出國獻技，都要先「過五關斬六將」，認為「尚無不合」才取得出國的資格。對傳播文化有關的「名家」的刀鑊技藝如何，出國前曾否予以注意？竊以為，在「番邦」傳播中土食的文化，如果是黃膚黑髮的黃帝子孫，則不該作「引導錯誤」的傳播。「南蠻」對此，雖有「一笑置之」的雅量，惟就「復興」與「弘揚」來說，卻不見得有甚麼好處。

廣東的「炒鴿鬆」為甚麼不叫鴿片或鴿粒，而用上一個「鬆」字？當然是有別於片與粒，作料要切成像青豆的大小，那便是粒而不是鬆。曾吃過幾十年「炒鴿鬆」的老「南蠻」說，還未聽說過「炒鴿鬆」用芡的，有芡的鴿鬆放進嘴巴裏面，怎有鬆的感覺？粒狀鮮雞肝炒四分鐘，「廚林高手」也會把肝粒炒成粉屑的。大抵這位仁姊還沒吃過廣東做法的「炒鴿鬆」，如果說教人做某名家仁姊的「炒鴿鬆」，那是個人的精研心得，別人是管不了的。教人做「廣東名菜」的「炒鴿鬆」，而這樣教法，就有點「莫名其土地堂」了，敬向名家的仁姊建議：還是多吃幾次廣東做法的廣東「炒鴿鬆」吧。

美西的全鱸席

在香港，「食指動矣」而想吃生猛的海上鮮，則香港仔、鯉魚門、沙田、青山都是好的去處。設有海水魚池的酒家樓也常有活海鮮供應。不想多花錢和時間，則各環街市也可買到活海鮮，活而還沒失魂的（半個書生香翰屏吃魚可吃出這尾魚是否失魂，堪稱為吃魚專家）則北角碼頭對開的魚艇較多佳品，不過也可遇而不可求。

在香港為了吃海鮮而釣魚的，不是沒有，只是很少的一個數目。在美國西岸，為了吃魚而釣魚的，則很普遍。三藩市漁人碼頭，有百數十艘像香港過海小輪差不多大的漁船，並非漁人的工具，而是租給釣客出海釣魚。

同一個「釣」字有關，百貨市場加設有釣的部門，佔三四千平方呎面積的不少，由魚鈎及其他用具，甚至釣艇也有供應，真是包羅萬有，由此可知「樂水」的山姆大叔也不少。

對釣魚有興趣的山姆大叔，不買釣艇而自造釣艇的，也大有其人。

愛吃魚和釣魚的山姆大叔，嘴巴裏的藝術不及唐人，怕吃有骨的魚，尤其喻為「媽姐魚」（味極鮮美而骨多，一不小心，會弄出「骨鯁在喉」又吐不得的麻煩，好事者以此喻男女間問題）的土鯪，更敬而遠之。為了愛吃大魚，而深海則多大魚，於是到深海釣魚更具興趣。如三文季節釣三文，鱸魚季節釣鱸魚。數口之家出海釣魚，釣得百數磅，一頓是吃不完的，剩下來的又如何？

原來山姆大叔吃魚又不「與同中國」，凡釣的而非當天吃的，不沾任何硬水或軟水，用舊報紙把全魚包裹，馬上急凍，拿回家後，放在冷藏箱裏貯存，要吃時前一天拿出來，吃若干則鋸若干，其餘仍放回冷藏箱裏，故鱸魚過造，仍有鱸魚可吃。因急凍方法好，幾個月後吃，仍能保持很高的鮮味原味。

有人以為美國是中國食的文化沙漠，哪曉得鱸魚季節會有人吃「鱸魚生」、「鱸魚滑」、「鱸魚湯」，更有人弄「鱸魚全席」。

西岸最近有人用「鱸魚全席」款待來自遠方的朋友，同席的莫不「食而甘之」。主客說：前居唐山數十年，從沒吃過「鱸魚全席」，而且這樣美味可口。

那天的「鱸魚全席」的菜單是：

炸鱸肝卷、泡鱸魚面、菊花鱸魚、鱸魚頭鍋、清蒸鱸尾、炒鱸魚球、冬菇鱸膠、鱸魚茸粥。

這一席「鱸魚全席」當以「泡鱸魚面」為少見的佳餚。原來主人是釣魚會的會員，收羅了吃肉不吃頭的山姆大叔會友的鱸頭，把鱸魚兩塊面肉割下用來作油泡，弄一碟「泡鱸魚面」就用了二三十個鱸魚頭。

香港乃是吃的聯合國，中外南北的吃應有盡有，至今還沒聽說有人以「鱸魚全席」請客。

後記　周鼎

一九七二年春天的歐美旅行，在我個人來說，彷彿夢遊。泰拉維夫機場的刁斗森嚴，羅馬冰封的思古幽情，阿爾卑斯山寂然的皚皚白雪，以至霧倫敦那種破落戶般的灰暗，都像浮光掠影。直至飛越大西洋，到了舊金山，這才有點踏實的感覺。

我比較喜歡舊金山，主要的原因大概是見到老朋友特級校對先生。當時，我們同遊美國太平洋海岸，在加利福尼亞舊省會蒙特萊（Monterey）和饒有西歐風味的小城嘉迷爾（Carmel）。面對霧靄下忽隱忽現的峰巒，蒼松古樹，聽輕濤拍岸，海鷗啁鳴，指點江山，彼此談到的竟是人生的歸宿。

這個問題，我一直不曾考慮過。認識特級校對先生三十年，以前在香港，每逢農曆歲暮，在相等於「郇廚」的「特廚」處吃到的年夜飯，委實值得回味。這中間隔了九年，又在美西的聖奧斯市（San Jose）附近的「特廚」處，享用豐美的一頓。我儘管吃着「豆腐魚翅」、「清蒸蒙特萊油大地魚」，卻咀嚼出另一點道理。特級校對先生之家，太太懂事，兒女長進，一門幾位博士，這就怪不得他經常提到人生問題，也經常能夠從容不迫地寫寫「食經」了。

在他筆下，「食經」成為一種學問。它並沒有陳腔濫調地指導別人烹飪，只是上下古今，教人對飲食作得體的特別調度。同時，一口氣把這個集子的文章讀過一遍，使我們從飲食之道有機會接觸了人生和人性的各方面，也可以從歷史角度看到人民生計的變遷；「廣東雞粥」怎麼會傳到新疆？川式的「鳳還巢」怎麼會一下子成為粵式，這都和第二次大戰或多或少地有點關係。

作者希望我能夠為這本書寫序。但我總覺得那是太莊重的文體。終於若有所恃地來這麼寫了。因為，我畢竟是《食經》三十年的忠實讀者。

一九七四年除夕・香港